飞行器系列丛书

变稳控制技术与飞行仿真

陈永亮　陈　林　著

科学出版社

北　京

内 容 简 介

本书总结了变稳机控制律的设计方法,并用实例对传统响应反馈法和模型跟随法进行了验证。当本机具有足够的变稳自由度(即 **B** 矩阵可逆)时,这两种变稳控制律设计方法均能实现对本机零极点的精确对消,从而实现对目标机的跟踪,否则很难实现理想的目标特性跟踪且在本机不稳定时存在发散问题。为此,本书结合模型跟踪控制思想给出了一种改进的变稳控制律结构,采用特征结构配置技术来设计反馈和前馈控制参数,具有简单、快捷、鲁棒性好的特点。

本书可供从事飞行动力学与控制相关的专业技术人员参考,也可作为高等院校飞行力学、飞行控制和飞行仿真等相关专业的本科生和研究生的参考书目。

图书在版编目(CIP)数据

变稳控制技术与飞行仿真 / 陈永亮,陈林著. —北京:科学出版社,2020.11
(飞行器系列丛书)
ISBN 978 – 7 – 03 – 066783 – 0

Ⅰ. ①变… Ⅱ. ①陈… ②陈… Ⅲ. ①增稳飞行控制—研究②飞行模拟—研究 Ⅳ. ①V249.122②V211.73

中国版本图书馆 CIP 数据核字(2020)第 220568 号

责任编辑:许 健 / 责任校对:谭宏宇
责任印制:黄晓鸣 / 封面设计:殷 靓

科 学 出 版 社 出版
北京东黄城根北街 16 号
邮政编码:100717
http://www.sciencep.com

南京展望文化发展有限公司排版
江苏凤凰数码印务有限公司印刷
科学出版社发行 各地新华书店经销

*

2020 年 11 月第 一 版 开本:B5(720×1000)
2020 年 11 月第一次印刷 印张:12 3/4
字数:233 000
定价:100.00 元
(如有印装质量问题,我社负责调换)

丛 书 序

　　飞行器是指能在地球大气层内外空间飞行的器械,可分为航空器、航天器、火箭和导弹三类。航空器中,飞机通过固定于机身的机翼产生升力,是数量最大、使用最多的航空器;直升机通过旋转的旋翼产生升力,能垂直起降、空中悬停、向任意方向飞行,在航空器中具有独特的不可替代的作用。航天器可绕地球飞行,也可远离地球在外太空飞行。1903 年,美国的莱特兄弟研制成功了人类第一架飞机,实现了可持续、有动力、带操纵的飞行。1907 年,法国的科尔尼研制成功了人类第一架直升机,实现了有动力的垂直升空和连续飞行。1957 年,人类第一颗人造地球卫星由苏联发射成功,标志着人类由此进入了航天时代。1961 年,苏联宇航员加加林乘"东方 1 号"飞船进入太空,实现了人类遨游太空的梦想。1969 年,美国的阿姆斯特朗和奥尔德林乘"阿波罗 11 号"飞船登月成功,人类实现了涉足地球以外的另一个天体。这些飞行器的成功,实现了人类两千年以来的各种飞行梦想,推动了飞行器的不断进步。

　　目前,飞行器科学与技术快速发展,各种新构型、新概念飞行器层出不穷,反过来又催生了许多新的飞行器科学与技术,促使人们不断地去研究和探索新理论、新方法。出版"飞行器系列丛书",将为人们的研究和探索提供非常有益的参考和借鉴,也将有力促进飞行器科学与技术的进一步发展。

　　"飞行器系列丛书"将介绍飞行器科学与技术研究的最新成果与进展,主要由南京航空航天大学从事飞行器设计及相关研究的教授、专家撰写。南京航空航天大学已研制成功了 30 多种型号飞行器,包括我国第一架大型无人机、第一架通过适航审定的全复合材料轻型飞机、第一架直升机、第一架无人直升机、第一架微型飞行器等,参与了我国几乎所有重大飞行器型号的研制,拥有航空宇航科学与技术一级学科国家重点学科。在这样厚重的航空宇航学科基础上,撰写出"飞行器系列丛书"并由科学出版社出版,具有十分重要的学术价值,将为我国航空航天界献上一份厚重的礼物,为我国航空航天事业的发展作出一份重要的贡献。

　　祝"飞行器系列丛书"出版成功!

夏品奇

2017 年 12 月 1 日于南京

前　　言

变稳控制律设计技术是变稳机(空中飞行模拟器)的关键技术之一,对新型变稳机设计、提高变稳机的变稳能力、扩大变稳机的变稳范围具有重要意义。

作者长期从事飞行动力学与控制相关研究,致力于打造简单、可靠和实用的工程化工具软件。本书从工程实践需求出发,介绍并展示了常规变稳控制律设计方法的优缺点,并提出了新的变稳控制框架和变稳控制律设计方法。基于新的变稳控制框架,应用特征结构配置技术设计了相关控制律参数,不仅简单便捷,而且具有较强的鲁棒性,可为相关研究人员提供参考和借鉴。

本书共分为5章。第1章简要介绍了变稳机的基本概念、变稳机的研究目的、意义和发展历史。第2章介绍了变稳控制的基本原理和相似准则。第3章介绍了常规变稳控制律设计技术,并用详细的案例对响应反馈法和模型跟随法的优缺点进行了分析和验证。在变稳自由度和控制变量维数一致时,无论本机是否稳定,在标称情况下两种方法的变稳控制律均可精确对消本机的零极点,从而非常理想地跟踪模拟对象,实现理想的变稳效果;如果变稳自由度不足,则不能实现理想的模拟对象跟踪,在本机不稳定时,只能在短暂的动态过程中实现跟踪,稳态时变稳机的运动可能会发散。第4章对特征结构配置技术进行了介绍,基于模型跟踪控制思想给出了一种改进的变稳控制方案,并给出了前馈控制参数的计算方法。根据一级飞行品质要求选择期望的本机特征结构后,应用特征结构配置技术来设计相应的增稳反馈控制律和跟踪误差积分控制律参数,并对纵向和横航向线性系统的不同指令跟踪模式进行了仿真验证,结果表明,无论是在标称状态还是存在模型参数摄动状态,均具有较好的模拟对象跟踪效果。第5章是第4章控制方案和控制律设计方法的推广应用。在第4章线性仿真验证的基础上,将控制律框架和设计方法应用到非线性飞行动力学系统中,对纵向非线性系统、横航向非线性系统及纵向和横航向耦合的非线性系统进行了变稳控制效果仿真验证,结果表明,本书中的变稳控制方案和控制律设计方法可实现较好的变稳控制效果。

本书是作者对变稳控制律设计方法研究工作的总结,感谢前人的研究工作为本研究提供的参考,感谢在新型变稳控制方案研究过程中参与讨论的龚正同事,感谢在控制律验证过程中提供帮助的李玉飞和涂慧玲同事。感谢学院相关领导、同事及科学出版社对本书出版工作的支持。感谢科学出版社许健编辑在本书出版过程中给予的指导、鼓励与帮助,感谢郁威克及其他编辑同志在后期排版、图表处理过程中付出的辛勤劳动。

　　变稳控制技术是一项复杂的系统工程,本书工作只涉及了变稳控制律设计方法,其最终的控制效果尚需工程实践的进一步验证和检验。尽管本书作者为全书编写付出了极大努力,但由于水平和精力有限,不足与不妥之处在所难免,恳请读者批评指正。

作　者

2020 年 10 月

目　　录

第1章 绪 论

一架尚未生产制造出来的新型飞机在空中的驾驶感觉如何？飞机在空中会如何飞行？飞机的响应是否符合飞行员的操纵意图？是否会失去控制[1]？

这些疑问,在新型飞机上天之前,都应该一一得到解答。

飞机设计人员通过建立飞机各个系统的数学模型,采用飞行仿真技术可以在一定程度上回答上述问题。但是飞行仿真无法真实反映飞行员与飞机之间的耦合关系,也很难感受真实的飞行场景。如果把有人驾驶飞机看成是一个完整的系统,飞行员就是其中最难预测的部分。没有两个飞行员是完全一样的,飞行员的飞行经验、精神状态、心情等都会影响到人和飞机之间的耦合效应。

地面飞行模拟器可以帮助飞机设计人员通过将飞行员纳入设计过程中,对不同飞行员的能力进行补偿,从而在一定程度上弥补纯飞行仿真的不足。在地面飞行模拟器上,飞行员坐在模拟的驾驶舱中,通过计算机生成的视景系统感受飞机的运行,对飞机的操纵特性和响应特性进行评估,帮助设计人员在飞机制造之前发现问题并加以改进和完善。

虽然地面飞行模拟器可以更好地模拟飞行员操纵飞机的飞行过程,但是飞行员的感受和真实飞行时还是存在较大差异的,最重要的一点就是心态不同。在地面飞行模拟器上飞行的时候,飞行员的心态是比较松弛的,因为他知道这只是模拟飞行,即便飞行失误也不会造成飞机损毁或人员伤亡,所以不到万不得已可能并不会对相关操纵进行修正,这一点与真正在空中飞行是不同的。因此,也存在很多在真实飞行时出现的问题在地面模拟器上飞行时并未发现的情况[1]。

为了更好地反映尚未制造出来的飞机更加真实的飞行特性和操纵感受,可以采用空中飞行模拟器进行模拟飞行。相较于地面飞行模拟器,空中飞行模拟器具有以下几方面优点:第一,飞行员看见了驾驶舱外真实的三维世界,而不是计算机生成的场景;第二,飞机的运动是真实和持续的,而不是在地面感受到的有限运动;第三,飞行员知道自身处于真实的飞行环境中,任何错误都可能会造成飞机损毁或人员伤亡。飞行员驾驶的这架空中飞行模拟器就是一架真实飞机,要做出相应的飞行动作,每一个动作都必须严肃对待。

空中飞行模拟器是一类非常特殊的研究飞机,其飞行特性可以根据需要而改变,从而具有另一架飞机的飞行特性,因此又称变稳飞机。变稳飞机借助变稳电传飞控系统和可变人感系统,在实际飞行中改变自身飞行动力学特性及操纵感觉,从而模拟(或匹配)被研究对象,达到用同一架飞机在空中模拟不同飞机飞行和操纵特性的目的。

变稳飞机的工作原理大致如下:飞行员驾驶杆(盘)和脚蹬的输入进入一台事先已编入被模拟飞机(模拟对象)飞行特性程序的计算机,该计算机计算出被模拟飞机对飞行员输入的响应,并通过变稳控制律带动变稳飞机(又称本机)舵面的偏转来实现期望的运动。变稳飞机模拟不同对象时的基本工作原理如图 1.1 所示。

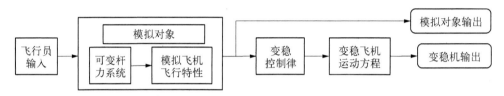

图 1.1　变稳飞机的工作原理图

在模拟不同对象时,可变杆力系统和模拟飞机的飞行特性是不同的,相应的变稳控制律参数也是不同的。通过替换模拟对象和相应的变稳控制律,可以实现对不同飞机的空中飞行模拟试验。

变稳飞机可以是专门设计的,也可以根据现有生产型飞机进行改装得到。从成本、安全性和可靠性角度考虑,国内外绝大多数变稳飞机都是基于现有生产型飞机改装而成的,一般具有前、后两座舱,前舱为模拟飞行员(又称评估飞行员)座舱,又叫试验驾驶舱,被模拟飞机的驾驶系统就安装在该驾驶舱内;后舱为安全监控飞行员(又称安全飞行员)座舱,简称安全监控舱,该驾驶舱内的驾驶系统为变稳飞机本身改装前的驾驶系统。当评估飞行员驾驶被模拟飞机存在困难时,安全飞行员可接管并操纵飞机。此时安全飞行员驾驶的就是变稳飞机本身,而不是被模拟的飞机。通过评估飞行员和安全飞行员的通力合作,既可以对新的未知设计或有问题的设计进行评估,又可以保证变稳飞机自身的安全。

变稳飞机是一种综合、高效的飞行试验研究手段,世界各航空工业发达国家都拥有自己的变稳飞机[1-2]。

据统计,自 20 世纪 40 年代末期美国出现第一架变稳飞机以来,世界各国先后研制和使用过的变稳飞机达百余架之多。经历了从单自由度到多自由度、从模拟式到数字式、从单纯的响应反馈到响应反馈和模型跟踪系统并用的发展过程。迄今为止,世界上先进的航空工业国家仍在发展新的空中飞行模拟试验机。变稳飞机的主要用途如下。

(1) 新型飞机的飞行前评估:在新型飞机首飞前,要在变稳飞机上进行模拟飞行,寻找之前没有发现的飞行品质方面的问题。就美国空军来说,20 世纪 70 年代以来没有一架新机不经过空中飞行模拟。在苏联,制造与上一代飞行器特性不同的每一代新飞行器,也都要进行空中飞行模拟。如果发现新型飞机不存在飞行品质方面的问题,则可以增强设计人员和试飞员的信心;如果发现了相关问题,则可以借助变稳飞机找出解决办法,并进行飞行试验验证。利用变稳飞机在设计冻结之前的早期阶段对设计概念进行评估,如果需要对设计进行更改此时是最容易的,也是成本和代价最低的,从而更好地支持新型飞机的研制。

（2）飞行员培训:变稳飞机将飞行员置身于真实的空中飞行环境下,提供逼真可信的飞行场景和飞行感受,对建立飞行员和飞机之间"默契"关系意义重大,对于发现故障模态、驾驶员诱发振荡(pilot induced oscillation, PIO)趋势、感受飞行员增益和训练飞行员心理状态等具有重要意义。通过对苏联空军 1975~1985 年飞行事故的统计发现,飞行员因素占总事故率的 70%。事故多发生在起飞着陆阶段,占飞行阶段总事故率的 40%,对于电传飞机着陆来讲,这一数字可达 70%。欧美等国家和地区空中事故的统计规律与苏联空军的基本一致,因此,培训试飞员和新机飞行员是变稳飞机非常重要的功能之一。世界航空航天发达国家甚至用变稳飞机进行航天飞机宇航员的常规训练,不仅成本低,而且安全系数高。

（3）飞控技术及飞行品质研究:变稳飞机可用于新型飞控技术的验证,对显示技术、人机工效、综合航电系统进行研究以及对地面飞行模拟进行校核等。同时,变稳飞机还能够用于飞机飞行品质研究,为制定和完善飞机飞行品质规范、电传飞机新的飞行品质判据提供数据等。美国各型变稳飞机为其飞行品质规范的制定、完善和发展提供了强有力的数据支撑。

（4）飞行实验室:因为大多数的变稳飞机上都装有各种测量设备,所以它们是进行新设备和新思想试验的理想平台。

详细介绍各种变稳飞机及其可变人感系统不在本书的讨论范围,本书主要讨论基于特征结构配置的变稳控制律设计与仿真。

第 2 章 变稳控制原理

变稳飞机(空中飞行模拟器)是一种借助变稳电传系统和可变人感系统达到改变基本飞机(简称本机)飞行动力学特性、稳定性与操纵性的空中飞行试验平台。它能够实现单自由度到六自由度的飞行模拟。当飞行员驾驶模拟器飞行时可以在真实飞行环境中感受模拟对象的运动状态和操纵特性,从而获得比地面飞行模拟器更逼真的模拟效果[2]。

2.1 空中运动相似的属性描述

空中飞行模拟器实际上是一架可在空中复现模拟对象及其系统动态特性和飞行品质的综合性试验机。为达到模拟试验目的,必须实现试验机同模拟对象的飞行动力学信息相似,只有这样才可能获得两机间的等效动态响应。要实现飞行动力学信息相似,最重要的是保证它们之间的运动相似。于是问题便归结为在空中飞行模拟时,如何通过有关技术措施来保证模拟对象飞行员与变稳飞机评估飞行员座位处的空间位移相似。一般情况下,由于两机飞行员座位至各自质心的距离是不同的,所以不仅应保证角位移相似,而且必须同时保证其线位移相似。

为方便起见,本书中假定两机飞行员座位至各自飞机质心距离相同。设本机运动方程组为

$$\dot{x} = \phi(x, u, \varphi) \tag{2.1}$$

式中,x 为状态向量;u 为控制量;φ 为外扰动量;$\phi(x, u, \varphi)$ 为向量函数。

设模拟对象的运动方程组为

$$\dot{x}_m = \phi_m(x_m, u_m, \varphi_m) \tag{2.2}$$

保证飞行模拟器和模拟对象在相同初始条件下,表示如下:

$$x(t_0) = x_m(t_0) \tag{2.3}$$

此时,存在 $t \geqslant t_0$,使得两机状态向量相等,即

$$x(t) = x_m(t) \tag{2.4}$$

此时的控制为

$$\boldsymbol{u}(t) \in \boldsymbol{G}$$

且

$$\boldsymbol{u}_m \in \boldsymbol{G}_m; \boldsymbol{\varphi} \in \boldsymbol{F}; \boldsymbol{\varphi}_m \in \boldsymbol{F}_m$$

式中，$\boldsymbol{G}$ 和 $\boldsymbol{G}_m$ 分别为两机的可能的控制范围；$\boldsymbol{F}$ 和 $\boldsymbol{F}_m$ 分别为两机可能的外扰动范围。

要想确定能否复现这个运动的控制 $\boldsymbol{u}(t)$，必须知道本机向量函数 $\boldsymbol{\phi}(\boldsymbol{x}, \boldsymbol{u}, \boldsymbol{\varphi})$，并能准确测量状态和扰动向量的全部元素。在工程实践中这是很困难的，通常只能借助辨识方法获得本机近似数学模型，且测量不可能无误差，某些扰动在飞行中是无法测量的。因此，通常把满足等式(2.4)的控制问题视为确定满足给定性能准则下的运动。

模拟实践表明，解决这种控制问题最有效的方法是按照研究动力学反问题的方法，根据系统对扰动的已知响应，研究作用在系统上的扰动，最后求得控制 $\boldsymbol{u}(t)$。

理想情况下，假设方程(2.1)和方程(2.2)是线性的，且无扰动，$\boldsymbol{x}$ 为状态向量，飞机的控制系统均为理想的。这时空中飞行模拟器的本机运动方程组为

$$\dot{\boldsymbol{x}} = \boldsymbol{A}\boldsymbol{x} + \boldsymbol{B}\boldsymbol{u} \tag{2.5}$$

模拟对象的运动方程组为

$$\dot{\boldsymbol{x}}_m = \boldsymbol{A}_m\boldsymbol{x}_m + \boldsymbol{B}_m\boldsymbol{v} \tag{2.6}$$

若存在满足式(2.4)的控制且下式成立：

$$\dot{\boldsymbol{x}}(t) = \dot{\boldsymbol{x}}_m(t) \tag{2.7}$$

则利用式(2.7)，由方程(2.5)和方程(2.6)通过不同组合可得

$$\boldsymbol{B}\boldsymbol{u} = \boldsymbol{A}_m\boldsymbol{x}_m + \boldsymbol{B}_m\boldsymbol{v} - \boldsymbol{A}\boldsymbol{x} \tag{2.8}$$

或

$$\boldsymbol{B}\boldsymbol{u} = (\boldsymbol{A}_m - \boldsymbol{A})\boldsymbol{x} + \boldsymbol{B}_m\boldsymbol{v} \tag{2.9}$$

或

$$\boldsymbol{B}\boldsymbol{u} = (\boldsymbol{A}_m - \boldsymbol{A})\boldsymbol{x}_m + \boldsymbol{B}_m\boldsymbol{v} \tag{2.10}$$

由方程组(2.8)、(2.9)和(2.10)可得出满足条件(2.4)的三种控制律模型：

$$u = B^+ A_m x_m + B^+ B_m v - B^+ A x \tag{2.11}$$

$$u = B^+ (A_m - A) x_m + B^+ B_m v \tag{2.12}$$

$$u = B^+ (A_m - A) x + B^+ B_m v \tag{2.13}$$

其中，$B^+ = (B^T B)^{-1} B^T$ 为 B 的广义逆矩阵。

上述三种控制律的物理意义如下：

对于方程(2.11)的控制律，末项把空中飞行模拟器的运动方程化为中立平衡物体的运动方程 $\dot{x} = Bu$，而前两项使空中飞行模拟器产生等于 $\dot{x}_m$ 的加速度 $\dot{x}$。可见，该控制律可借助末项保证空中飞行模拟器对大气扰动不变，这就为在模拟对象的模型中设置风扰动提供了可能性。

对于控制律(2.12)。它在把空中飞行模拟器方程化为中立平衡物体方程时，采用了由模拟对象模型获得的信号 $B^+ A x_m$，而这时不需要在飞行中测量变稳飞机的运动参数。

对于控制律(2.13)。该控制律的优点在于，不需要在变稳飞机上求解模拟对象的运动方程(2.6)，而仅利用变稳飞机运动参数测量值就足够了。实现该控制律时，变稳飞机的运动方程变为等价方程(2.6)，而且在风扰动的作用下，变稳飞机将具有与模拟对象相似的特性。

应指出，控制律(2.11)和(2.12)是按扰动控制的。因此，外扰动和变稳飞机运动方程系数(矩阵 A 和 B)的确定误差将导致控制律的误差累积。克服此缺点的方法是在方程右端增添 $C(x_m - x)$ 项，必要时还需增添 $D \int (x_m - x) \mathrm{d}t$ 项。其中，C 和 D 为对角矩阵。

控制律(2.13)通常被称为反馈控制律。此控制律由于可以保证实现与模拟对象等价对象的扰动控制，故一般不必增添偏差函数项。A 和 B 的元素很大时，可以采用校正矩阵 $B^+ (A_m - A)$ 系数的方法，以获得两机运动相似[2]。

经改进后的控制律(2.11)形式为

$$u = (B^+ A_m + C) x_m + B^+ B_m v - (B^+ A + C) x \tag{2.14}$$

经改进后的控制律(2.12)形式为

$$u = [B^+ (A_m - A) + C] x_m + B^+ B_m v - C x \tag{2.15}$$

需要注意的是，对于控制律(2.14)和(2.15)，在矩阵 C 和 A 元素的一定组合下将导致变稳飞机过渡过程品质的恶化，甚至出现不稳定，同时不能保证变稳飞机和模拟对象对风扰动的响应相似，从而限制了他们的实际应用范围。上述控制律(2.13)、(2.14)和(2.15)的形成分别如图 2.1 中的(a)、(b)和(c)所示。

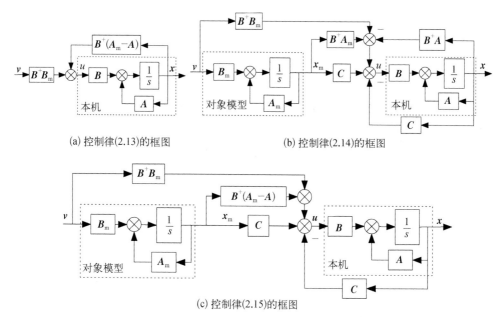

(a) 控制律(2.13)的框图   (b) 控制律(2.14)的框图

(c) 控制律(2.15)的框图

图 2.1　变稳飞机的控制律及其形成框图[2]

2.2　空中飞行模拟相似准则选取

要利用空中飞行模拟器来模拟被研究飞机及其系统的动力学特性,必须严格保证两机相似性,即动力学相似、信息及传输相似、几何相似(主要指飞行员工作位置布局及仪表相似)及外部环境条件相似等,需要应用相关相似准则进行评价。

2.2.1　动力学第一相似准则

两机相似性是借助相似准则得以保证的。因此,在设计与建造空中飞行模拟器时确定和选择相似准则是非常重要的。这时,要考虑空中飞行模拟器的用途和目的,即是用于研究、评价飞机飞行动力学特性和飞行品质等,还是训练试飞员和飞行员,或是研究和评价各系统等。当然还要考虑其他重要因素如研制周期、研制费用、模拟精度等。但无论如何保证等式(2.16)是基础。

$$\boldsymbol{x}(t) = \boldsymbol{x}_{\mathrm{m}}(t) \tag{2.16}$$

但该等式一般只能近似实现,所以可选择如下相似准则:

$$J_1 = \frac{1}{T_n} \int_0^{T_n} (\boldsymbol{x}_{\mathrm{m}} - \boldsymbol{x})^T (\boldsymbol{x}_{\mathrm{m}} - \boldsymbol{x}) \, \mathrm{d}t \tag{2.17}$$

式中，T_n 为空中飞行模拟研究的时间间隔。

这就是空中飞行模拟的第一相似准则，或称为基本相似准则。

显然，J_1 值越小相似性就越好，也就是空中飞行模拟器复现被研究飞机的参数就越精确。但是，实际上 J_1 的定量评价是十分困难的。因此，经常只能局限于飞行中获得的数据进行 J_1 的定性评定。同时，实际的做法往往是在保证实现每一个具体课题而选择的相似准则所确定的一系列附加条件下，当 J_1 值较小时便可认为空中飞行模拟器同模拟对象模型相似。例如，对于建造供飞行员训练用的空中飞行模拟器，相似准则选择方法应与地面飞行模拟训练器的选择方法相同，主要包括动力学相似、信息相似和飞行员工作位置布局相似等。其中，对于两机的动力学相似，应理解为在等式（2.16）所确定的理想条件下，空中飞行模拟器与模拟对象的角位移和线位移相似。可见，式（2.17）时间间隔 T_n 所确定的空中飞行模拟器和模拟对象模型运动参数的近似性，即可作为动力学相似的主要准则。J_1 值越小，空中飞行模拟器和模拟对象模型的动力学特性就越相似。

2.2.2　动力学第二相似准则

通常情况下，近似地满足式（2.16）是不够的，因为飞行员飞行训练中关注的不仅有运动参数，而且还有角加速度和线加速度，因此还须考虑如下要求：

$$\dot{x}(t) = \dot{x}_m(t) \qquad (2.18)$$

相应地，还存在动力学相似的第二相似准则：

$$J_2 = \frac{1}{T_n}\int_0^{T_n}(\dot{x}_m - \dot{x})^T(\dot{x}_m - \dot{x})\mathrm{d}t \qquad (2.19)$$

在评估相似性时，除满足上式外还应满足以下条件：

$$\ddot{x} \geqslant \ddot{x}_m \qquad (2.20)$$

在这样的条件下可保证机动特性相似。也就是说，只要使所建造的空中飞行模拟器能够产生超过模拟对象的加速度，那么就可以在空中飞行模拟器上模拟所研究飞机的任一机动飞行。

2.2.3　附加动力学相似准则

因为等式（2.16）和等式（2.18）对空中飞行模拟器仅能近似满足，所以飞行员要想在空中飞行模拟器上正确评估模拟对象的稳定性与操纵性，还必须在飞行试验时运用稳定性与操纵性评估准则。

例如,对于飞机纵向运动,就可以利用纵向位移驾驶杆阶跃操纵时的短周期运动特性,即过渡过程参数作为评估空中飞行模拟器同模拟对象模型相似的附加准则。这些参数主要是:

σ_{nz}——过载相对超调量;

t_r——上升时间,即输出达到 95% Δn_{zss} 的时间;

x^{n_z}——产生单位过载的驾驶杆偏度。

其中, $\sigma_{nz} = (\Delta n_{zmax} - \Delta n_{zss})/\Delta n_{zss}\%$, Δn_{zmax} 、 Δn_{zss} 分别为法向最大过载增量和稳定过载增量。

对于横向运动来说,可以将确定飞机横向稳定性与操纵性的那些特性作为相似性附加准则。这些特性参数主要是:

T——横向运动固有振荡周期;

M——横向运动两个连续振幅之比;

K——滚转和偏航角速度振幅比,它由滚转和偏航力矩的侧滑角导数比值 (L_β/N_β) 确定;

p^{xf}——产生单位滚转角速度的脚蹬量;

X^p——产生单位滚转角速度的驾驶杆横向偏度,它主要取决于滚转力矩导数;

p_{max}——最大滚转角速度(驾驶杆全偏时)。

应指出,上述空中飞行模拟器同模拟对象模型的所有动力学相似准则,都是在空中飞行模拟器传动机构延时得到补偿的条件下给出的。然而,在评估操纵性时,飞机操纵性的驾驶杆(蹬)与舵面偏转间的相位延迟或特征频率却被当作特性之一,因此相位延迟也应是空中飞行模拟器同被研究飞行器间的相似准则。

此外,模拟任何一个飞机运动,在运动参数变化大的情况下,还需保证其飞行速度、迎角和侧滑角的平衡特性相似。

2.2.4 其他相似准则

前面主要讨论空中飞行模拟器同模拟对象的动力学相似及其准则问题,除此之外,还应保证信息及传输相似、几何相似、外部环境条件相似等。信息相似指的是保证传输给空中飞行模拟器空勤人员的信息和传给模拟对象的信息相同。因为飞行员要借助仪表或非仪表信息来控制飞机,其中动力学特性属于非仪表信息,而有关机载系统和动力装置等的运动参数和状态信息是由仪表、各种信号装置及显示器传给飞行员的。因此,除了保证空中飞行模拟器和模拟对象的动力学相似外,还应保证它们的空勤人员工作位置布局相似,比如操纵杆(脚蹬)、控制板、仪表板、操纵台、空勤座椅、按钮、开关及它们分布的几何相似。

　　显然,在建造空中飞行模拟器时,不可能保证所有信息相似。为此,一般根据具体的研究或评估任务,力保主要信息相似。对于其他次要信息的相似性,可以通过对基本控制律进行相应调整来修正和补偿,从而提高空中飞行模拟器的逼真度。

2.3　变稳能力与模拟对象特性间的关系

　　飞机的独立运动参数个数等于它的运动自由度乘以动力学系统阶数,即

　　　　飞机独立运动参数个数 = 飞机运动自由度 × 动力学系统阶次

　　而飞机的独立控制参数个数等于它的运动自由度乘以控制面个数,即

　　　　飞机独立控制参数个数 = 飞机运动自由度 × 控制面个数

　　因此,一架变稳飞机的变稳能力应为

　　　　可匹配的运动导数个数 = 可控自由度 × 动力学系统阶数
　　　　可匹配的控制导数个数 = 可控自由度 × 变稳控制面个数

　　要想全面地匹配模拟对象的特性,对于变稳飞机而言,必须要有六个自由度的变稳能力。也就是说,除能够实现它的升降舵、方向舵、副翼的控制外,还必须对其发动机推力、直接升力和直接侧力实施控制。但是,在工程上这些条件往往是难以实现的。

　　因此,许多情况下必须考虑如何利用一个有限变稳能力的空中飞行模拟器去模拟要求较高的模拟对象的运动特性,其中包括如何处理当空中飞行模拟器飞行速度或高度达不到模拟对象的响应飞行状态时所出现的问题,特别是如何解决当本机控制通道(面)数少于所需模拟自由度数时的匹配问题等。一般来说,控制面少于模拟自由度时,其基本解决途径就是增添有关控制通道。

第3章 常规变稳控制律设计技术

要全面匹配模拟对象的响应特性,空中飞行模拟器应具有六个自由度的变稳能力,这种要求往往难以在工程实现,利用已设计定型的飞机来改装发动机推力控制、直接升力和直接侧力控制面就更为困难了。因此,在很多情况下,必须考虑如何利用一个有限变稳能力的空中飞行模拟器去模拟被研究飞机的运动特性。如利用仅具有三个转动运动自由度变稳能力的空中飞行模拟器来模拟任何一架飞机的动态响应品质。

3.1 三自由度变稳模拟方法

为了利用仅具有三个转动运动自由度变稳能力的空中飞行模拟器来模拟任何一架飞机的动态响应品质,需要回答以下两个问题:

(1) 利用仅有三个转动自由度变稳能力的空中飞行模拟器到底能否模拟任何一架飞机的动态响应品质?

(2) 如果可以,怎样进行模拟?

按照 MIL – F – 8785C 及 MIL – STD – 1797A 飞行品质规范[3-6],任何一架飞机的动态响应品质主要由等效传递函数中各模态参数确定。在不考虑长周期运动时,纵向等效系统可近似为[2]

$$
\begin{cases}
\dfrac{q}{F_y} = \dfrac{K_q(s+1)}{s^2 + 2\xi_{sp}\omega_{nsp}s + \omega_{nsp}^2}e^{-\tau_q s} \\[3mm]
\dfrac{n_z}{q} = \dfrac{K_{nz}}{s/b_a + 1} \\[3mm]
\left(\dfrac{n_z}{\alpha}\right)_{ss} = \dfrac{V}{g}b_a\left(b_a = \dfrac{\overline{q}SC_{L\alpha}}{mV}\right)
\end{cases}
\tag{3.1}
$$

其中,q 为俯仰角速度;$\overline{q}$ 为动压;F_y 为俯仰操纵杆力。

横航向等效系统可近似为

$$
\begin{cases}
\dfrac{p}{F_x} = \dfrac{K_p(s^2 + 2\xi_\phi\omega_\phi s + \omega_\phi^2)}{\left(s + \dfrac{1}{\tau_S}\right)\left(s + \dfrac{1}{\tau_R}\right)(s^2 + 2\xi_d\omega_{nd}s + \omega_{nd}^2)}e^{-\tau_p s} \\[4mm]
\dfrac{\beta}{F_z} = \dfrac{K_\beta\left(s + \dfrac{1}{\tau_{\beta1}}\right)\left(s + \dfrac{1}{\tau_{\beta2}}\right)\left(s + \dfrac{1}{\tau_{\beta3}}\right)}{\left(s + \dfrac{1}{\tau_S}\right)\left(s + \dfrac{1}{\tau_R}\right)(s^2 + 2\xi_d\omega_{nd}s + \omega_{nd}^2)}e^{-\tau_\beta s}
\end{cases} \tag{3.2}
$$

因此,如果变稳飞机能够模拟这些等效传递函数,或达到相似模拟,其结果就应当是正确的。

3.1.1　纵向短周期模拟

由于三自由度空中飞行模拟器纵向无直接升力控制能力,它不能改变飞机的升力系数,因此只能模拟式(3.1)中的 ω_{nsp}、ξ_{sp}、K_q(或 K_{nz})及 τ_q。但根据国内外空中飞行模拟经验,有四种方法可以获得正确的飞行模拟结果。

第一种方法是当本机的速度可以达到模拟对象的速度时,可通过调整飞行高度来使两机(变稳飞机与模拟对象)升力特性一致,即当 $V = V_m$ 时,调整飞行高度 h 使 $b_a = b_{am}$。因为对于常规飞机有

$$
\frac{n_z}{\alpha} \approx \frac{V}{g}b_a\ ; \quad \frac{n_z}{q} \approx \frac{V}{g}\left(\frac{1}{1 + s/b_a}\right)\ ; \quad n_z \approx \dot{V\theta}/g\ ; \quad \frac{\dot\theta}{\alpha} = b_a
$$

在这种条件下,通过调整 ω_{nsp}、ξ_{sp} 及 K_{nz} 匹配了过载对杆力的响应时,也就匹配了角速度,攻角和航迹角的响应。这种方法的实质是首先匹配飞行速度,然后通过牺牲高度从而获得单位攻角的过载值,再通过变稳系统调整 $\overline{M}_\alpha$、$\overline{M}_q$ 及 $\overline{M}_{\delta_e}$ 来获得式(3.1)中模拟对象的全部模态参数。

第二种方法是当本机达不到模拟对象的飞行速度,或即使达到了也不能通过调整飞行高度来获得相同的 b_a 时采用的。此时在模拟具有较高自然频率的飞机时,可采用调整本机速度和高度的方法,使两机具有相同的 n_z/α。由于飞机运动满足:

$$
\frac{q}{n_z} \approx \frac{g}{V}\left(\frac{1}{b_a}s + 1\right)\ ; \quad \frac{\theta}{n_z} \approx \frac{g}{Vb_a}\frac{(s + b_a)}{s}\ ; \quad \frac{\theta}{n_z} \approx \frac{\alpha}{n_z}\frac{(s + b_a)}{s} \tag{3.3}
$$

式(3.3)表明,对于高频响应,θ/n_z 近似等于 α/n_z。在匹配了过载 n_z 对杆力的响应后,θ 和 α 的高频响应也近似得到匹配。该方法的实质是牺牲高度及速度量来

匹配单位攻角过载。从式(3.3)可见,对高频响应 $s \gg b_a$,相当于同时匹配了 θ、n_z 及 α 的响应。

第三种方法是当 b_a 和 n_z 都不能匹配时,最好采用匹配飞机对阶跃输入下初始俯仰角加速度响应与稳态过载之比(亦称为操纵期望参数)[7-8],即

$$\mathrm{CAP} = \frac{\ddot{\theta}}{n_{zss}} = \frac{\omega_{nsp}^2}{(n_z / \alpha)_{ss}} \tag{3.4}$$

以及操纵灵敏度和阻尼比,它的目的是给飞行员提供一个振荡特性和操纵灵敏度与模拟对象相同、俯仰运动和垂直运动之间的比例关系相同的模拟响应。

第四种方法是只匹配飞机的俯仰运动响应,而牺牲攻角、过载的响应,或者只匹配过载响应而忽略俯仰角响应,如何选择,要取决于飞行状态和操纵任务。一般来说,在低速情况下(如着陆进场),飞行员最关心的是飞机在他控制下的俯仰角响应,而在高速时常常关注的是过载响应。只匹配过载响应是完全可以实现的。在匹配俯仰角响应时,可以通过在前馈通道设置一对零极点来实现 q/F_y 的响应模拟,或者采用模型跟随方案,只跟随角速度响应。

3.1.2 横航向模态模拟

在横航向模拟时,由于有两个可控自由度,因此它可以匹配采用副翼和方向舵控制的常规飞机横航向运动方程 18 个参数中的 12 个。这些参数可以是运动中除侧力导数外的 12 个力矩导数,也可以是与它们相关的模态参数。按照品质规范要求和飞行员对模态结果的反馈,横航向模拟应满足以下要求:

(1) 匹配式(3.2)中的四个模态的特征根,对应 τ_R、τ_S 和 ω_{nd}、ξ_d;

(2) 作为横航向运动的主要控制轴,应当完全匹配滚转对副翼输入的响应;

(3) 在稳态盘旋中应满足 $r \approx g\sin\phi/V$。 当模拟对象速度与本机不同时,由于上式不能满足使问题更加复杂。一种解决的方法是匹配稳态盘旋中方向舵对滚转角的比值 δ_r/ϕ,它满足了匹配滚转对副翼控制的响应及偏航速率与 g/V 的比例关系。

(4) 荷兰滚模态中滚转角与侧滑角之比 $\phi/\beta\,|_{s=\omega_{nd}}$ 也是一个重要的模态参数,它反映了飞机受横向力干扰后滚转的响应。

上述四点要求共需匹配 9 个模态参数,是可以满足的,其实现方法如下:

首先假设飞机运动方程为[9-11]

$$\begin{bmatrix} \dot{\beta} \\ \dot{p} \\ \dot{r} \\ \dot{\phi} \end{bmatrix} = \begin{bmatrix} \overline{Y}_\beta & \alpha_* + \overline{Y}_p & \overline{Y}_r - 1 & g\cos\theta_*/V_* \\ \overline{L}_\beta & \overline{L}_p & \overline{L}_r & 0 \\ \overline{N}_\beta & \overline{N}_p & \overline{N}_r & 0 \\ 0 & 1 & \tan\theta_* & 0 \end{bmatrix} \begin{bmatrix} \beta \\ p \\ r \\ \phi \end{bmatrix} + \begin{bmatrix} 0 & \overline{Y}_{\delta_r} \\ \overline{L}_{\delta_a} & \overline{L}_{\delta_r} \\ \overline{N}_{\delta_a} & \overline{N}_{\delta_r} \\ 0 & 0 \end{bmatrix} \begin{bmatrix} \delta_a \\ \delta_r \end{bmatrix} \tag{3.5}$$

方程中侧力导数与本机相同,求解其他参数时假设飞机飞行品质特性满足上述四点要求,即与模拟对象具有相同的 ω_{nd}、ξ_d、τ_R、τ_S、K_p、δ_r/ϕ 和 $\phi/\beta\,|_{s=\omega_{nd}}$。方程(3.5)中没有引入有关滚转角导数是为避免由于它们而产生的新的飞行品质问题,这意味着在控制中不引入滚转角的反馈。这时所需匹配的参数个数成为 10 个,仍需确定一个参数。比较合理的是再给定方向舵的操纵效能 $\overline{N}_{\delta_r}$。

在求解出上述等效品质的假想飞机后,便可利用响应反馈法或模型跟随法完成模拟。

采用这些技术措施后,三自由度空中飞行模拟器可以模拟常规飞机的一般飞行品质特性,即使在本机速度达不到模拟对象的速度时,也能获得相似的模拟结果。但是对某些飞行品质,特别是对带直接力控制的飞机的某些特殊品质研究方面是不足的。例如,升阻比的模拟、直接升力控制模态、控制律的研究等。这时就必须使空中飞行模拟器拥有五个(或六个)自由度的变稳能力。

3.2　常用变稳控制模式

用于改变飞机动力学特性、稳定性与操纵性的变稳电传系统通常有两种工作模式,即响应反馈模式和模型跟随模式。二者的工作原理分别如图 3.1(a)和(b)所示。响应反馈模式是通过改变飞控系统的反馈增益来改变飞机动态响应,从而使变稳飞机的动态响应与模拟对象的动态响应相一致,达到空中飞行模拟研究的目的。模型跟随模式是通过将模拟飞行操纵指令先输入机载计算机,计算机解算模拟对象的动态响应,并通过变稳控制系统控制本机跟随这一响应,从而使飞行员通过变稳飞机能感受到模拟对象的特性及感觉。模型跟随原理可以使本机在相同飞行条件下实现最佳至最差的飞行品质变化范围,同时可较逼真地复现模拟对象特性。

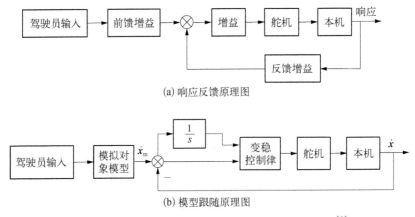

(a) 响应反馈原理图

(b) 模型跟随原理图

图 3.1　空中飞行模拟器的基本工作模式及原理框图[2]

3.3　响应反馈法

设本机运动方程为

$$\dot{x} = Ax + Bu \tag{3.6}$$

当引入反馈 K_a 后，将 $u = K_a x + v$ 代入上式得

$$\dot{x} = Ax + B(K_a x + v) = (A + BK_a)x + Bv \tag{3.7}$$

可以看出飞机的特征阵由 A 变为 $A + BK_a$，通过设置不同的反馈增益 K_a，就可以获得所需的特征方程系数。响应反馈的控制律的设计主要是如何求解反馈增益 K_a。

设模拟对象的运动方程为

$$\dot{x}_m = A_m x_m + B_m v \tag{3.8}$$

要实现空中飞行模拟，就得使本机响应等效于模拟对象，为此，令

$$\dot{x}_m = \dot{x}; \ x_m = x_m \tag{3.9}$$

将式(3.8)、式(3.9)分别代入式(3.6)可得如下控制律：

$$u = B^{-1}\big[(A_m - A)x + B_m v\big] = K_a x + K_u v \tag{3.10}$$

式中，K_a 为反馈增益；K_u 为前馈增益。表达式如下：

$$K_a = B^{-1}(A_m - A) \tag{3.11}$$

$$K_u = B^{-1}B_m \tag{3.12}$$

可见，在本机输入矩阵可逆的情况下，引入前馈系数后，变稳飞机的输入矩阵由本机输入矩阵 B 变为了模拟对象的输入矩阵 B_m，系统矩阵从本机系统矩阵 A 变为了模拟对象的系统矩阵 A_m。响应反馈法的原理框图如图 3.2 所示。

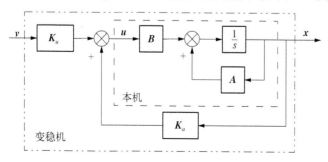

图 3.2　响应反馈法原理框图

要使上述控制律有解必须要保证控制矩阵 $\boldsymbol{B}$ 满秩,即要求本机拥有与运动自由度相同数量的控制通道(即变稳自由度),只有这样才能保证全部变量的模拟。

3.3.1 $\boldsymbol{B}$ 矩阵可逆

对于二阶系统,当 $\boldsymbol{A}$, $\boldsymbol{B}$ 可控,且 $\boldsymbol{B}$ 可逆时,直接应用响应反馈法可以得到很好的跟踪效果。假设变稳飞机要模拟的对象短周期状态空间模型可以用如下参考模型描述:

$$\boldsymbol{A}_{\mathrm{m}} = \begin{bmatrix} -0.0926 & 1.0201 \\ -30.9417 & -9.9917 \end{bmatrix} ; \boldsymbol{B}_{\mathrm{m}} = \begin{bmatrix} 0.0340 & -0.0042 \\ -3.0694 & -0.0589 \end{bmatrix}$$

状态变量 $\boldsymbol{x}_{\mathrm{m}} = \begin{bmatrix} \alpha & q \end{bmatrix}^{\mathrm{T}}$,输入变量 $\boldsymbol{u}_{\mathrm{m}} = \begin{bmatrix} \delta_{\mathrm{e}} & \delta_{\mathrm{t}} \end{bmatrix}^{\mathrm{T}}$ 。其特征多项式为

$$s^2 + 10.0843s + 32.4889 = 0$$

对应特征根、阻尼比和角频率如表 3.1 所示。

表 3.1　模拟对象的特征根、阻尼比和频率($\boldsymbol{B}$ 矩阵可逆)

特　征　根	阻　尼　比	频率/(rad/s)
-5.04 + 2.66i	0.885	5.7
-5.04 - 2.66i	0.885	5.7

可见,模拟对象具有理想的频率与阻尼比,满足一级飞行品质要求。

本机短周期状态空间模型可以描述如下:

$$\boldsymbol{A} = \begin{bmatrix} -0.3926 & 0.8 \\ -2.9417 & -11.9917 \end{bmatrix} ; \boldsymbol{B} = \begin{bmatrix} 0.0240 & -0.0042 \\ -2.0694 & -0.0789 \end{bmatrix}$$

其特征方程为

$$s^2 + 12.3843s + 7.0613 = 0$$

对应特征根为两个实根,阻尼比2.33。这是一个过阻尼运动,且阻尼比不满足一级飞行品质要求,如果直接用该飞机去模拟上述参考模型描述的模拟对象,其响应特性显然与被模拟对象是有差别的,飞行员的感受与被模拟对象是不同的。为此,需要设计相应的控制律,以改变本机特性,使其与被模拟对象一致。由于本机输入矩阵 $\boldsymbol{B}$ 满秩,其逆矩阵存在。根据式(3.11)和式(3.12)可得前馈增益和反馈增益如下:

$$\boldsymbol{K}_u = \begin{bmatrix} 1.4713 & -0.0079 \\ 0.3123 & 0.9547 \end{bmatrix} ; \boldsymbol{K}_a = \begin{bmatrix} 13.3461 & 0.8470 \\ 4.8351 & -47.5646 \end{bmatrix}$$

对比模拟对象和变稳机响应特性的仿真框图如图 3.3 所示。

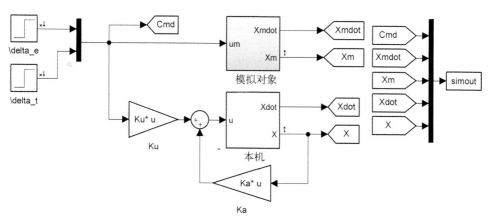

图 3.3　响应反馈法仿真模型（B 矩阵可逆）

对图 3.3 所示系统进行线性化,可得模拟对象及引入变稳控制律后的本机(变稳飞机)的状态空间模型如下：

$$A_c = \begin{bmatrix} -0.092\,6 & 1.020\,1 & 0 & 0 \\ -30.941\,7 & -9.991\,7 & 0 & 0 \\ 0 & 0 & -0.092\,6 & 1.020\,1 \\ 0 & 0 & -30.941\,7 & -9.991\,7 \end{bmatrix}$$

$$B_c = \begin{bmatrix} 0.034\,0 & -0.004\,2 \\ -3.069\,4 & -0.058\,9 \\ 0.034\,0 & -0.004\,2 \\ -3.069\,4 & -0.058\,9 \end{bmatrix}; \quad C_c = \begin{bmatrix} 1 & 0 & 0 & 0 \\ 0 & 1 & 0 & 0 \\ 0 & 0 & 1 & 0 \\ 0 & 0 & 0 & 1 \end{bmatrix}; \quad D_c = \begin{bmatrix} 0 & 0 \\ 0 & 0 \\ 0 & 0 \\ 0 & 0 \end{bmatrix}$$

从系统矩阵 A_c 和输入矩阵 B_c 可以看出,在引入变稳控制律后,变稳飞机的系统矩阵与被模拟对象的系统矩阵和输入矩阵完全相同,因此在相同的输入作用下,其输出响应特性是一致的,从而可以根据变稳飞机的特性获得模拟对象的动态响应特性。

升降舵向上阶跃偏转的响应过程如图 3.4 所示。

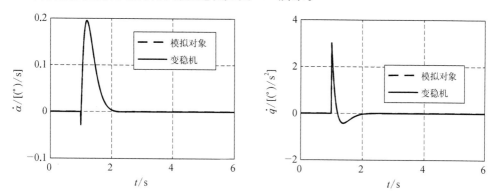

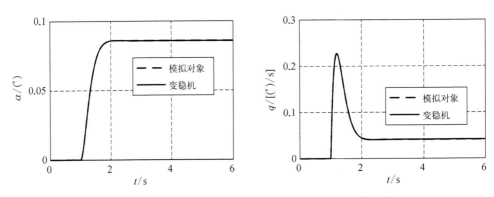

图 3.4　响应反馈的升降舵阶跃响应跟踪结果（B 矩阵可逆）

油门阶跃推杆的响应如图 3.5 所示。

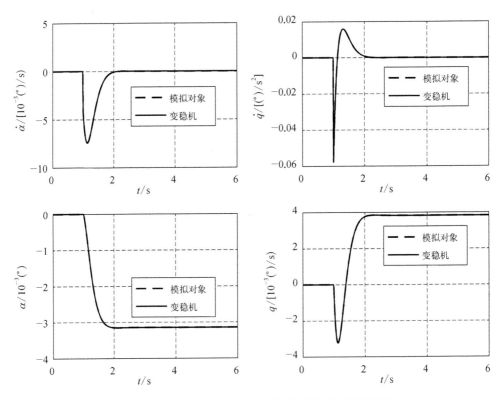

图 3.5　响应反馈的油门阶跃响应跟踪结果（B 矩阵可逆）

可见,在不考虑扰动情况下,当本机的输入矩阵可逆时,采用式(3.11)和式(3.12)对应的控制律,可以将本机状态空间模型改变为与模拟对象的状态空间模型相同,从而实现理想的变稳跟踪效果。

3.3.2 B 矩阵不可逆

假设模拟对象和本机的系统矩阵不变,但仅用升降舵进行控制。模拟对象的系统矩阵和输入矩阵如下:

$$A_m = \begin{bmatrix} -0.092\,6 & 1.020\,1 \\ -30.941\,7 & -9.991\,7 \end{bmatrix}; \ B_m = \begin{bmatrix} 0.034\,0 \\ -3.069\,4 \end{bmatrix}$$

本机的系统矩阵和输入矩阵如下:

$$A = \begin{bmatrix} -0.392\,6 & 0.8 \\ -2.941\,7 & -11.991\,7 \end{bmatrix}; \ B = \begin{bmatrix} 0.024\,0 \\ -2.069\,4 \end{bmatrix}$$

此时,本机的输入矩阵 B 将是不可逆的,如果还采用式(3.11)和式(3.12)来设计前馈和反馈增益系数,可用 B 的广义逆 B^+ 代替 B^{-1},得对应的增益系数如下:

$$K_u = 1.483\,2; \ K_a = \begin{bmatrix} 13.530\,4 & -0.965\,1 \end{bmatrix}$$

对比模拟对象和变稳机响应特性的仿真框图如图 3.6 所示。

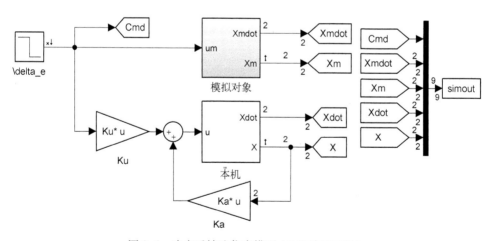

图 3.6 响应反馈法仿真模型(B 矩阵不可逆)

对图 3.6 所示系统进行线性化,可得线性化后的状态空间模型如下:

$$A_c = \begin{bmatrix} -0.092\,6 & 1.020\,1 & 0 & 0 \\ -30.941\,7 & -9.991\,7 & 0 & 0 \\ 0 & 0 & -0.067\,9 & 0.776\,8 \\ 0 & 0 & -30.941 & -9.994\,5 \end{bmatrix}; \ B_c = \begin{bmatrix} 0.034\,0 \\ -3.069\,4 \\ 0.035\,6 \\ -3.069\,4 \end{bmatrix}$$

从系统矩阵和输入矩阵的比较可以看出,在本机输入矩阵 $\boldsymbol{B}$ 不可逆的情况下,仍然采用式(3.11)和式(3.12)来设计变稳控制律,所得变稳机的系统矩阵和输入矩阵与模拟对象均有一定差异,这将导致变稳机的动态和稳态响应与模拟对象有一定差异,升降舵向上阶跃偏转时的动态响应过程对比如图 3.7 所示。

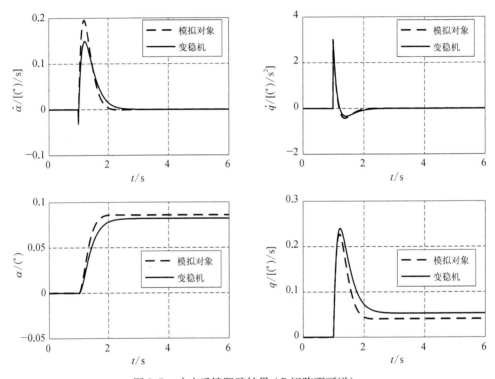

图 3.7　响应反馈跟踪结果（$\boldsymbol{B}$ 矩阵不可逆）

　　飞行员根据变稳机的飞行感受并不能较真实地反映模拟对象的动态特性。根据对变稳机和模拟对象的传递函数对比分析,可以发现二者之间的差异。

　　模拟对象升降舵到迎角的传递函数如下:

$$\frac{\alpha_{\mathrm{m}}(s)}{\delta_{\mathrm{em}}(s)} = \frac{0.034(s - 82.1)}{s^2 + 10.08s + 32.49}$$

　　变稳机升降舵到迎角的传递函数如下:

$$\frac{\alpha(s)}{\delta_{e}(s)} = \frac{0.035\,597(s - 56.99)}{(s + 5.805)(s + 4.258)}$$

　　可以看出,模拟对象的特征根为一对欠阻尼共轭复根,而变稳飞机的特征根为两个负实根,同时,零点位置和增益不同,也会导致稳态值存在差异。同理可以得到升降舵到俯仰角速度的传递函数对比如下：

$$\frac{q_{\mathrm{m}}(s)}{\delta_{\mathrm{em}}(s)} = \frac{-3.069\,4(s + 0.435\,3)}{s^2 + 10.08s + 32.49}$$

$$\frac{q(s)}{\delta_{\mathrm{e}}(s)} = \frac{-3.069\,4(s + 0.426\,7)}{(s + 5.805)(s + 4.258)}$$

由上述结果可以看出，在本机输入矩阵不可逆的情况下，响应反馈法设计的控制律并不能将本机的极点精确配置到模拟对象的极点上，前馈系数也很难正好将本机的输入矩阵改变为模拟对象的输入矩阵。因此动态响应过程和稳态值均存在差异。

3.3.3　响应反馈法的优缺点

响应反馈法是通过配置零极点的方式来进行控制的。如果本机状态空间模型 A、B 可控，且 B 可逆，则采用式(3.11)和式(3.12)设计的前馈和反馈增益矩阵，可将本机精确改为与模拟对象一致。响应反馈法具有模拟频带高、系统延迟时间小、对真实的外界大气扰动反应正确等优点。但响应反馈法在模拟大扰动过程中的控制过于复杂，甚至增加或减少设备或空勤人员这些情况也需要重新调整控制律。

当本机输入矩阵 B 不可逆时，响应反馈法不能将本机改为与模拟对象精确一致，响应过程存在稳态误差，动态过程也可能存在不同。

而本机输入矩阵 B 是否可逆反映了飞机可用操纵输入自由度与需要跟踪的状态变量数是否一致。如果两者一致，则可以直接采用响应反馈法设计变稳控制律，且变稳机的响应特性与模拟对象的响应特性是一致的；否则采用响应反馈法设计的变稳控制律的动态响应过程及稳态值与模拟对象之间是不一致的。而在工程实践中，很难满足操纵输入数量与系统状态变量相同的要求，多数情况下，操纵输入的数量小于状态变量个数，因此本机的 B 矩阵通常是不可逆的。

3.4　模　型　跟　随　法

模型跟随法是通过设计变稳控制律，形成一个跟踪环，跟随飞控计算机中模拟对象模型的输出，从而实现对不同对象的模拟。模拟对象被作为一个"参考模型"来使用，所以模型跟随法的原理与模型跟踪控制类似[12-15]，其原理如图3.8所示。

根据变稳控制律中是否存在本机反馈，模型跟随法又可分为开环模型跟随法和闭环模型跟随法两种。开环模型跟随法是根据模拟对象的输出构造前馈型变稳控制律，直接控制本机的响应过程，以使其快速跟踪模拟对象的输出。

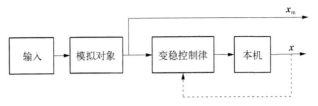

图 3.8　模型跟随法原理图

在式(3.6)中若以 $\dot{x}_m$ 和 x_m 分别替代 $\dot{x}$ 和 x 有

$$\dot{x}_m = Ax_m + Bu \tag{3.13}$$

于是可求得开环模型跟随法的舵面控制律如下：

$$u = B^{-1}\dot{x}_m + (-B^{-1}A)x_m = K_{m1}\dot{x}_m + K_m x_m \tag{3.14}$$

式中，

$$K_{m1} = B^{-1} \tag{3.15}$$

$$K_m = -B^{-1}A \tag{3.16}$$

K_{m1} 和 K_m 为 $\dot{x}_m$ 和 x_m 的前馈。这种开环模型跟踪法的结构框图如图 3.9 所示。

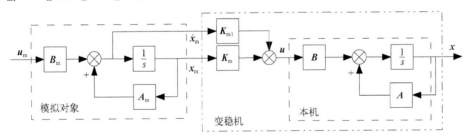

图 3.9　开环模型跟随法结构图

第二种模型跟随方法称为闭环模型跟随法，是在开环模型跟随法的基础上，将模拟对象与本机的状态作差后以一定的增益反馈到本机的输入端，与开环模型跟随控制的前馈控制综合形成总的控制量，其简化结构图如图 3.10 所示。

闭环模型跟随的控制目标是设计控制律使 $|x_m - x|$ 最小，对应的闭环控制律为

$$u = K_{m1}\dot{x}_m + K_m x_m + K_p(x_m - x) \tag{3.17}$$

与控制律式(3.10)类似，要使控制律式(3.14)和式(3.17)有解，必须保证本机输入矩阵 B 满秩。对飞机来讲即要求拥有与运动自由度相同数量的控制通道（即变稳自由度），只有这样才能保证全部变量的模拟。

模型跟踪法克服了响应反馈法的不足，控制律的很小改变就可以使本机构成的跟踪环在大扰动过程中或当本机某些参数变化时仍保持良好的跟踪品质，从而获得一个理想的模拟结果。模型跟踪法的缺点是跟踪环的特性限制了模拟对象的

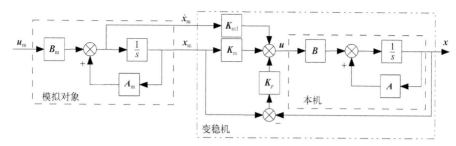

图 3.10　闭环模型跟随法结构图

频率。一般来说跟踪环的频带应是模拟对象自然频率的三倍以上。

因此,在模拟较高频率特性的飞机时,响应反馈要优于模型跟踪。对大气扰流的模拟,模型跟踪法不能反映真实大气扰流对模拟对象的影响。

3.4.1　跟踪效果与本机响应速度的关系

如果没有变稳控制律,要求本机能够跟踪模拟对象,则要求本机及模拟对象均为稳定系统,且当本机的动态响应速度不同时,对模拟对象的跟踪效果存在很大的差异。下面将以仿真实例来加以说明。为简单起见,设模拟对象和本机均为一阶惯性环节,但本机的频率从低到高不断增大。

本机频率只有模拟对象一半时,其响应速度比对象慢,在有限时间内无法跟踪上对象的响应,如图 3.11 和图 3.12 所示。

在本机频率与模拟对象一样时,依然不能实现对模拟对象的跟踪。因为本机是在接收到对象的输出信号后才开始起动的,由于惯性的原因,其响应相对模拟对象有一定延迟,如图 3.13 和图 3.14 所示。尽管本机的起动相对模拟对象有些延迟,但随着本机频率的提高,其响应速度越来越快,其动态过程与模拟对象越来越接近,如图 3.15~图 3.24 所示。可以看出,当本机频率为模拟对象频率的 10 倍及以上时,可以认为本机可以较理想地跟踪模拟对象。

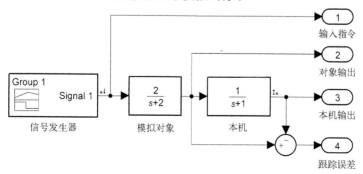

图 3.11　无控制模型跟随 Simulink 框图(本机频率为模拟对象频率 0.5 倍)

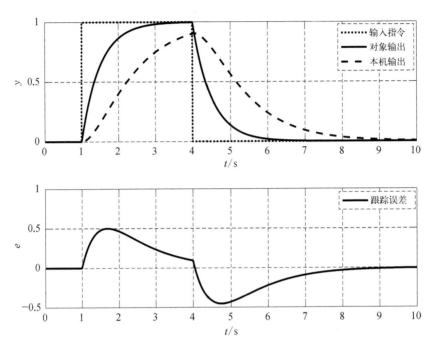

图 3.12 无控制模型跟踪效果(本机频率为模拟对象频率 0.5 倍)

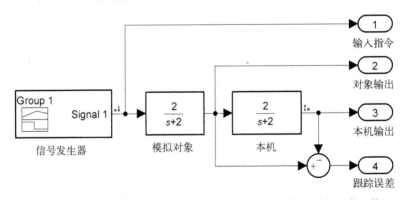

图 3.13 无控制模型跟随 Simulink 框图(本机频率为模拟对象频率 1 倍)

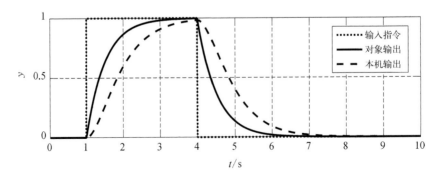

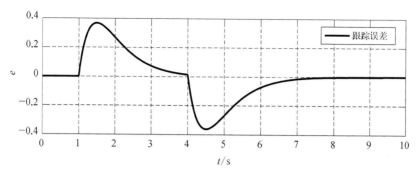

图 3.14　无控制模型跟踪效果(本机频率为模拟对象频率 1 倍)

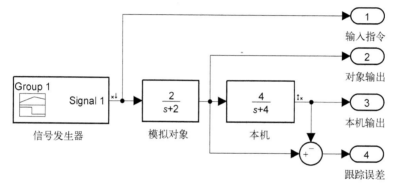

图 3.15　无控制模型跟随 Simulink 框图(本机频率为模拟对象频率 2 倍)

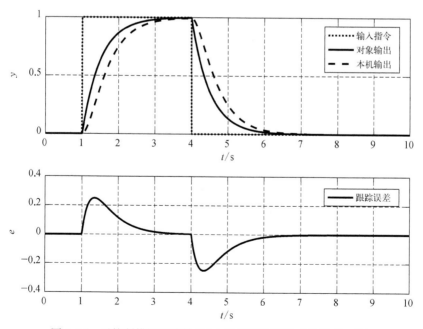

图 3.16　无控制模型跟踪效果(本机频率为模拟对象频率 2 倍)

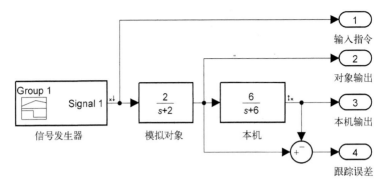

图 3.17　无控制模型跟随 Simulink 框图(本机频率为模拟对象频率 3 倍)

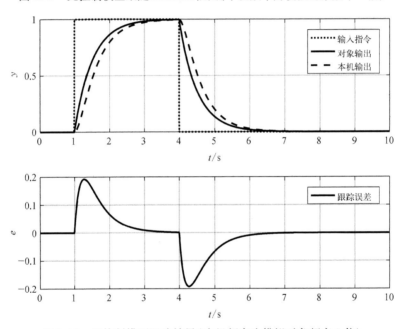

图 3.18　无控制模型跟踪效果(本机频率为模拟对象频率 3 倍)

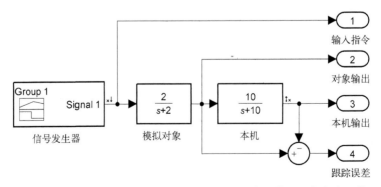

图 3.19　无控制模型跟随 Simulink 框图(本机频率为模拟对象频率 5 倍)

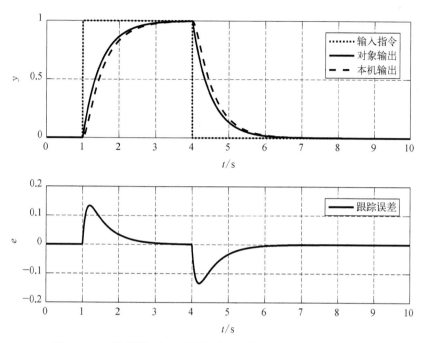

图 3.20　无控制模型跟踪效果(本机频率为模拟对象频率 5 倍)

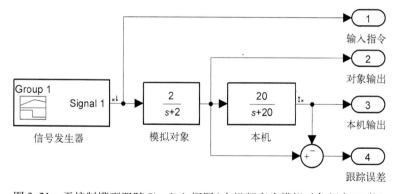

图 3.21　无控制模型跟随 Simulink 框图(本机频率为模拟对象频率 10 倍)

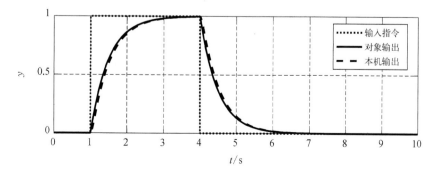

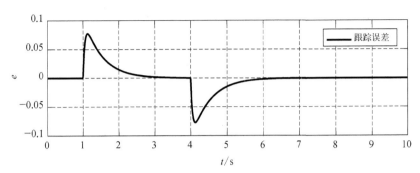

图 3.22　无控制模型跟踪效果(本机频率为模拟对象频率 10 倍)

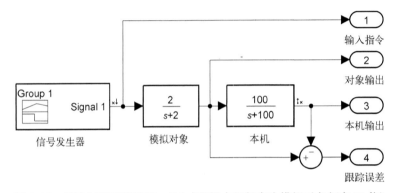

图 3.23　无控制模型跟随 Simulink 框图(本机频率为模拟对象频率 50 倍)

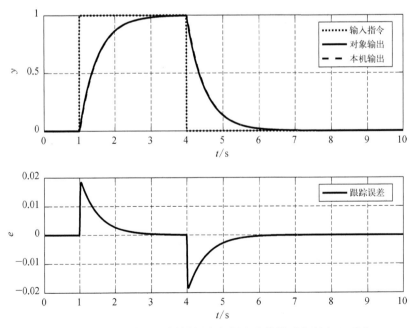

图 3.24　无控制模型跟踪效果(本机频率为模拟对象频率 50 倍)

可见,在无控制的情况下,本机频率在模拟对象频率 10 倍以上时,跟踪效果较为理想,本机频率在模拟对象频率 10 倍以下时,跟踪的动态过程有较大误差,本机响应频率越低,误差越大。因此,在无控制的情况下,实现对模拟对象的逼近,要求本机频率至少在模拟对象频率的 10 倍以上。

当本机响应频率不足够高时,要实现对模拟对象的跟踪,必须引入相应的变稳控制律。

3.4.2　开环模型跟随法

无论本机系统矩阵 A 是否稳定,只要 A、B 构成的状态空间模型可控,即可应用模型跟随法实现理想跟踪,从而获得模拟对象的响应特性。

1)A 不稳定 B 可逆

对于二阶短周期模型,假设变稳飞机要模拟的对象短周期状态空间模型可以用如下参考模型描述:

$$A_m = \begin{bmatrix} -0.092\,6 & 1.020\,1 \\ -30.941\,7 & -9.991\,7 \end{bmatrix}; \quad B_m = \begin{bmatrix} 0.034\,0 & -0.004\,2 \\ -3.069\,4 & -0.058\,9 \end{bmatrix}$$

状态变量 $x_m = \begin{bmatrix} \alpha & q \end{bmatrix}^T$;输入变量 $u_m = \begin{bmatrix} \delta_e & \delta_t \end{bmatrix}^T$。这是个稳定的短周期运动。

本机短周期状态空间模型可以描述如下:

$$A = \begin{bmatrix} 0.392\,6 & 0.8 \\ 2.941\,7 & -11.991\,7 \end{bmatrix}; \quad B = \begin{bmatrix} 0.024\,0 & -0.004\,2 \\ -2.069\,4 & -0.078\,9 \end{bmatrix}$$

则本机的特征根为 0.58 和 -12.2 —正一负两个实根,所以本机是不稳定的。但由于本机输入矩阵 B 满秩,其逆矩阵存在,所以可以根据式(3.15)和式(3.16)设计开环模型跟随控制律。经计算可得前馈增益矩阵如下:

$$K_{m1} = \begin{bmatrix} 7.453\,9 & -0.396\,8 \\ -195.501\,6 & -2.267\,3 \end{bmatrix}; \quad K_m = \begin{bmatrix} -1.759\,2 & -10.721\,2 \\ 83.423\,8 & 129.212\,0 \end{bmatrix}$$

对比模拟对象和变稳机响应特性的仿真框图如图 3.25 所示。

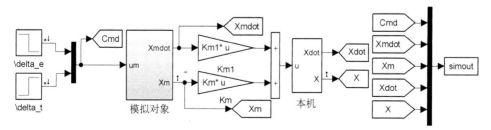

图 3.25　开环模型跟随法的模型(A 不稳定 B 可逆)

对图 3.25 所示系统进行线性化,可得模拟对象与变稳机构成的线性化系统的状态空间矩阵如下:

$$
\boldsymbol{A}_{\mathrm{c}} = \begin{bmatrix} -0.092\,6 & 1.020\,1 & 0 & 0 \\ -30.941\,7 & -9.991\,7 & 0 & 0 \\ \boxed{\begin{matrix} -0.485\,2 & 0.220\,1 \\ -33.883\,4 & 2.000\,0 \end{matrix}} & 0.392\,6 & 0.800\,0 \\ & 2.941\,7 & -11.991\,7 \end{bmatrix};
$$

$$
\boldsymbol{B}_{\mathrm{c}} = \begin{bmatrix} 0.034\,0 & -0.004\,2 \\ -3.069\,4 & -0.058\,9 \\ 0.034\,0 & -0.004\,2 \\ -3.069\,4 & -0.058\,9 \end{bmatrix}
$$

对应的状态变量 $\boldsymbol{x}_{\mathrm{c}} = \begin{bmatrix} \alpha_{\mathrm{m}} & q_{\mathrm{m}} & \alpha & q \end{bmatrix}^{\mathrm{T}}$;输入变量 $\boldsymbol{u}_{\mathrm{c}} = \begin{bmatrix} \delta_{\mathrm{e}} & \delta_{\mathrm{t}} \end{bmatrix}^{\mathrm{T}}$。从系统矩阵 $\boldsymbol{A}_{\mathrm{c}}$ 左下角的分块矩阵可以看出,经过开环变稳控制律后,模拟对象的状态直接影响到变稳机的状态变化率,从而使变稳机能够跟踪模拟对象。

升降舵到迎角的传递函数如下:

$$
\frac{\alpha(s)}{\delta_{\mathrm{e}}(s)} = \frac{0.034(s - 82.099\,3)(s + 12.178\,9)(s - 0.579\,8)}{(s + 12.178\,9)(s - 0.579\,8)(s^2 + 10.084\,3s + 32.488\,9)}
$$

可见,应用开环模型跟随控制后,系统中出现了两个与本机极点相同的零点,通过零极点对消,将系统简化为

$$
\frac{\alpha(s)}{\delta_{\mathrm{e}}(s)} = \frac{0.034(s - 82.099\,3)}{s^2 + 10.084\,3s + 32.488\,9}
$$

该传递函数与模拟对象的传递函数相同,所以实现了对模拟对象的跟踪。同理可得升降舵到俯仰角速度、油门到迎角和俯仰角速度的传递函数如下:

$$
\begin{aligned}
\frac{q(s)}{\delta_{\mathrm{e}}(s)} &= \frac{-3.069\,4(s + 12.178\,9)(s - 0.579\,8)(s + 0.435\,3)}{(s + 12.178\,9)(s - 0.579\,8)(s^2 + 10.084\,3s + 32.488\,9)} \\
&= \frac{-3.069\,4(s + 0.435\,3)}{s^2 + 10.084\,3s + 32.488\,9}
\end{aligned}
$$

$$
\begin{aligned}
\frac{\alpha(s)}{\delta_{\mathrm{t}}(s)} &= \frac{-0.004\,2(s + 24.297\,4)(s + 12.178\,9)(s - 0.579\,8)}{(s + 12.178\,9)(s - 0.579\,8)(s^2 + 10.084\,3s + 32.488\,9)} \\
&= \frac{-0.004\,2(s + 24.297\,4)}{s^2 + 10.084\,3s + 32.488\,9}
\end{aligned}
$$

$$\frac{q(s)}{\delta_t(s)} = \frac{-0.058\,9(s+12.178\,9)(s-0.579\,8)(s-2.113\,8)}{(s+12.178\,9)(s-0.579\,8)(s^2+10.084\,3s+32.488\,9)}$$

$$= \frac{-0.058\,9(s-2.113\,8)}{s^2+10.084\,3s+32.488\,9}$$

升降舵向上阶跃偏转后的响应曲线如图 3.26 所示。

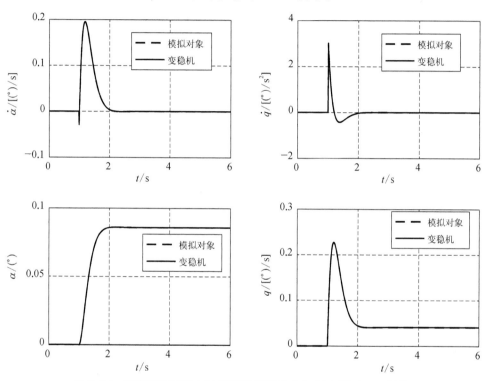

图 3.26　升降舵阶跃输入时开环模型跟随响应 (**A** 不稳定 **B** 可逆)

油门阶跃输入时的阶跃响应曲线如图 3.27 所示。

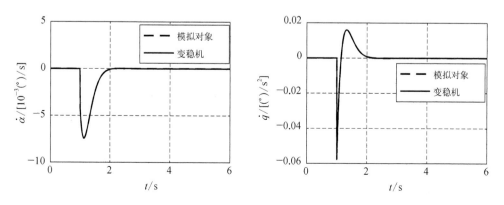

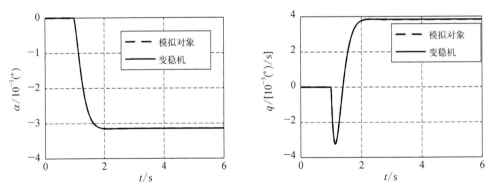

图 3.27   油门阶跃输入时开环模型跟随响应（A 不稳定 B 可逆）

从仿真结果可以看出，虽然本机是不稳定的，但在本机输入矩阵 B 可逆（控制量与变稳自由度相同）的情况下，可以理想地实现对被控对象的模拟和动态过程跟踪。

2）A 不稳定 B 不可逆

对于二阶短周期模型，假设变稳飞机要模拟的对象短周期状态空间模型可以用如下参考模型描述：

$$A_m = \begin{bmatrix} -0.092\,6 & 1.020\,1 \\ -30.941\,7 & -9.991\,7 \end{bmatrix}; \quad B_m = \begin{bmatrix} 0.034\,0 \\ -3.069\,4 \end{bmatrix}$$

状态变量 $x_m = \begin{bmatrix} \alpha & q \end{bmatrix}^T$；输入变量 $u_m = \delta_e$。这是个稳定的短周期运动。

本机短周期状态空间模型可以描述如下：

$$A = \begin{bmatrix} 0.392\,6 & 0.8 \\ 2.941\,7 & -11.991\,7 \end{bmatrix}; \quad B = \begin{bmatrix} 0.024\,0 \\ -2.069\,4 \end{bmatrix}$$

则本机的特征根为 0.58 和 -12.2 一正一负两个实根，所以本机是不稳定的。由于本机输入矩阵 B 不可逆，如果依然根据式(3.15)和式(3.16)设计开环模型跟随控制律，则需用 B 的广义逆 B^+ 代替 B^{-1}。经计算可得前馈增益矩阵如下：

$$K_{m1} = \begin{bmatrix} 0.005\,6 & -0.483\,2 \end{bmatrix}; \quad K_m = \begin{bmatrix} 1.419\,1 & -5.798\,5 \end{bmatrix}$$

对比模拟对象和变稳机响应特性的仿真框图如图 3.28 所示。

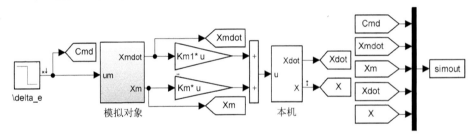

图 3.28   开环模型跟随法的模型（A 不稳定 B 不可逆）

对图 3.28 系统进行线性化,可得线性化矩阵如下:

$$\boldsymbol{A}_c = \begin{bmatrix} -0.092\,6 & 1.020\,1 & 0 & 0 \\ -30.941\,7 & -9.991\,7 & 0 & 0 \\ 0.392\,8 & -0.023\,2 & 0.392\,6 & 0.800\,0 \\ -33.873\,2 & 1.997\,2 & 2.941\,7 & -11.991\,7 \end{bmatrix};$$

$$\boldsymbol{B}_c = \begin{bmatrix} 0.034\,0 \\ -3.069\,4 \\ 0.035\,6 \\ -3.069\,4 \end{bmatrix}$$

对应的状态变量 $\boldsymbol{x}_c = \begin{bmatrix} \alpha_m & q_m & \alpha & q \end{bmatrix}^T$;输入变量 $\boldsymbol{u}_c = \delta_e$。从系统矩阵 $\boldsymbol{A}_c$ 左下角的分块矩阵可以看出,经过开环变稳控制律后,模拟对象的状态直接影响到变稳机的状态变化率。但和 $\boldsymbol{B}$ 矩阵可逆情况相比,$\boldsymbol{A}_c$ 左下角的分块矩阵是不同的(见 $\boldsymbol{A}$ 不稳定 $\boldsymbol{B}$ 可逆时的推导),这将会影响到变稳机的稳定性,从而影响到对模拟对象状态的跟踪效果。

升降舵到迎角的传递函数如下:

$$\frac{\alpha(s)}{\delta_e(s)} = \frac{0.035\,597(s - 56.988\,3)(s + 12.248\,3)(s + 0.208\,4)}{(s + 12.178\,9)(s - 0.579\,8)(s^2 + 10.084\,3s + 32.488\,9)}$$

$$\approx \frac{0.035\,597(s - 56.988\,3)(s + 0.208\,4)}{(s - 0.579\,8)(s^2 + 10.084\,3s + 32.488\,9)}$$

升降舵到俯仰角速度的传递函数如下:

$$\frac{q(s)}{\delta_e(s)} = \frac{-3.069\,4(s + 12.248\,3)(s - 0.426\,7)(s + 0.208\,4)}{(s + 12.178\,9)(s - 0.579\,8)(s^2 + 10.084\,3s + 32.488\,9)}$$

$$\approx \frac{-3.069\,4(s - 0.426\,7)(s + 0.208\,4)}{(s - 0.579\,8)(s^2 + 10.084\,3s + 32.488\,9)}$$

可以看出,和 $\boldsymbol{B}$ 矩阵可逆情况不同,当 $\boldsymbol{B}$ 矩阵不可逆时,根据式(3.15)和式(3.16)设计的开环模型跟随控制律构造出来的零点不能精确对消本机的极点,因此可以预测变稳机是不能理想跟踪模拟对象的。从传递函数可以看出,由于分母存在正极点,因此变稳机是不稳定的。不过由于不稳定极点的绝对值相对较小,比较靠近虚轴,所以其主要影响动态响应过程的后期阶段,在模拟对象达到稳态值之前,变稳机可以跟踪模拟对象,但模拟对象达到稳态值之后,变稳机受不稳定极点的影响,将不能跟踪模拟对象的运动。升降舵单位阶跃拉杆时开环模型跟随控制的响应曲线如图 3.29 所示。

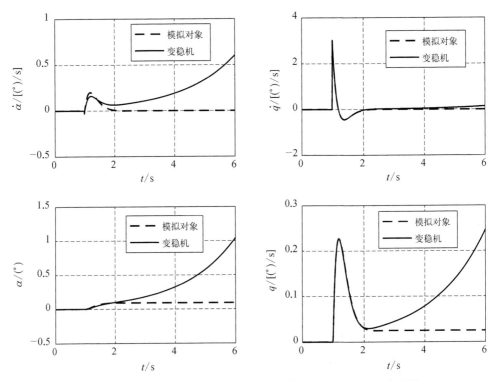

图 3.29　升降舵阶跃输入时开环模型跟随响应（**A** 不稳定 **B** 不可逆）

3）**A** 稳定 **B** 不可逆

假设模拟对象与上一节的相同,但本机短周期状态空间模型是稳定的,**B** 矩阵不可逆。本机状态矩阵和输入矩阵如下:

$$A = \begin{bmatrix} -0.392\,6 & 0.8 \\ -2.941\,7 & -11.991\,7 \end{bmatrix};$$

$$B = \begin{bmatrix} 0.024\,0 \\ -2.069\,4 \end{bmatrix}$$

则本机特征根分别为-0.6 和-11.8,因此本机是稳定的。以 **B** 的广义逆 **B⁺** 代替其逆矩阵 **B⁻¹**,应用式(3.15)和式(3.16)设计开环模型跟随控制律。经计算可得前馈增益矩阵如下:

$$K_{m1} = \begin{bmatrix} 0.005\,6 & -0.483\,2 \end{bmatrix};\ K_m = \begin{bmatrix} -1.419\,1 & -5.798\,5 \end{bmatrix}$$

由于 **B** 矩阵与 **A** 不稳定 **B** 不可逆时相同,所以 **K**ₘ₁ 是相同的,因为 **A** 矩阵的第一列符号发生了变化,所以 **K**ₘ 的第一个元素与 **A** 不稳定 **B** 不可逆 中的 **K**ₘ 不同。对应的线性化系统的系统矩阵和输入矩阵如下:

$$\boldsymbol{A}_{c} = \begin{bmatrix} 0.092\,6 & 1.020\,1 & 0 & 0 \\ -30.941\,7 & -9.991\,7 & 0 & 0 \\ 0.324\,8 & -0.023\,2 & -0.392\,6 & 0.800\,0 \\ -28.001\,9 & 1.997\,2 & -2.941\,7 & -11.991\,7 \end{bmatrix}; \boldsymbol{B}_{c} = \begin{bmatrix} 0.034\,0 \\ -3.069\,4 \\ 0.035\,6 \\ -3.069\,4 \end{bmatrix}$$

与上一节相比,由于本机系统矩阵发生了变化,所以 $\boldsymbol{A}_c$ 左下角的分块矩阵也发生了变化。

升降舵到迎角和俯仰角速度的传递函数如下所示:

$$\frac{\alpha(s)}{\delta_e(s)} = \frac{0.035\,597(s - 56.988\,3)(s + 11.722\,6)(s + 0.483\,9)}{(s + 11.785\,1)(s + 0.599\,2)(s^2 + 9.899\,1s + 30.638\,4)}$$

$$\frac{q(s)}{\delta_e(s)} = \frac{-3.069\,4(s + 11.722\,6)(s + 0.483\,9)(s + 0.426\,7)}{(s + 11.785\,1)(s + 0.599\,2)(s^2 + 9.899\,1s + 30.638\,4)}$$

从传递函数的零极点可以看出,变稳控制律构造出来的零点依然没有精确对消本机的极点,但由于本机是稳定的,系统中不存在不稳定极点,因此可以预测变稳机可以较好地跟踪模拟对象。不过,本机极点没有精确对消,变稳机的稳态值与模拟对象的稳态值可能有一定差异。升降舵单位阶跃拉杆时的响应曲线如图 3.30 所示。

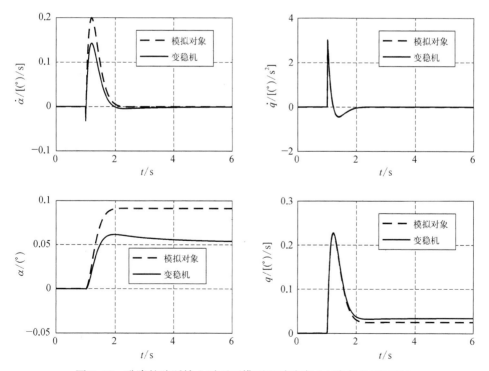

图 3.30　升降舵阶跃输入时开环模型跟随响应 ($\boldsymbol{A}$ 稳定 $\boldsymbol{B}$ 不可逆)

可以看出,俯仰角速度的动态跟踪过程是比较理想的,迎角的动态跟踪过程有一定差异。由于开环模型跟踪控制律构造的零点无法准确对消本机极点,所以存在稳态跟踪误差。

3.4.3　闭环模型跟随法

1) A 不稳定 B 可逆

假设模拟对象和本机模型与 3.4.2 节中 A 不稳定 B 可逆的模型相同,采用闭环模型跟随法来设计变稳控制律,实现对模拟对象的跟踪。由于本机不稳定,所以引入误差 $x_m - x$ 反馈,对本机进行增稳,然后根据开环模型跟随控制方法设计前馈系数。这里先假设反馈系数矩阵为

$$\boldsymbol{K}_p = \begin{bmatrix} -20.373\ 4 & 0.595\ 0 \\ -0.781\ 5 & 0.019\ 6 \end{bmatrix}$$

在该反馈作用下,本机系统矩阵将变为

$$\boldsymbol{A} - \boldsymbol{B}\boldsymbol{K}_p = \begin{bmatrix} 0.878\ 3 & 0.785\ 8 \\ -39.280\ 7 & -10.758\ 9 \end{bmatrix}$$

其特征根为 -3.211 4 和 -6.669 1,本机从不稳定系统变为了稳定系统。开环模型跟随控制的前馈系数矩阵如下:

$$\boldsymbol{K}_{m1} = \begin{bmatrix} 7.453\ 9 & -0.396\ 8 \\ -195.501\ 6 & -2.267\ 3 \end{bmatrix};$$

$$\boldsymbol{K}_m = \begin{bmatrix} -1.759\ 2 & -10.721\ 2 \\ 83.423\ 8 & 129.212\ 0 \end{bmatrix}$$

对应的仿真模型如图 3.31 所示。

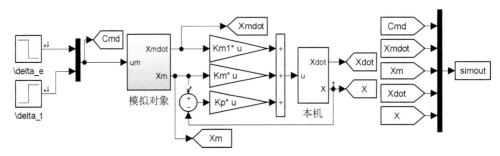

图 3.31　闭环模型跟随控制模型(A 不稳定 B 可逆)

对上述模型进行线性化,可得系统的状态空间矩阵如下:

$$
\boldsymbol{A}_{\mathrm{c}} = \begin{bmatrix} -0.092\,6 & 1.020\,1 & 0 & 0 \\ -30.941\,7 & -9.991\,7 & 0 & 0 \\ -0.970\,9 & 0.234\,3 & 0.878\,3 & 0.785\,8 \\ 8.339\,0 & 0.767\,2 & -39.280\,7 & -10.758\,9 \end{bmatrix};
$$

$$
\boldsymbol{B}_{\mathrm{c}} = \begin{bmatrix} 0.034\,0 & -0.004\,2 \\ -3.069\,4 & -0.058\,9 \\ 0.034\,0 & -0.004\,2 \\ -3.069\,4 & -0.058\,9 \end{bmatrix}
$$

升降舵到迎角的传递函数如下:

$$
\begin{aligned}
\frac{\alpha(s)}{\delta_{e}(s)} &= \frac{0.034(s - 82.099\,3)(s + 6.669\,1)(s + 3.211\,4)}{(s + 6.669\,1)(s + 3.211\,4)(s^2 + 10.084\,3s + 32.488\,9)} \\
&= \frac{0.034(s - 82.099\,3)}{s^2 + 10.084\,3s + 32.488\,9}
\end{aligned}
$$

同理可得升降舵到俯仰角速度的传递函数为

$$
\begin{aligned}
\frac{q(s)}{\delta_{e}(s)} &= \frac{-3.069\,4(s + 6.669\,1)(s + 3.211\,4)(s + 0.435\,3)}{(s + 6.669\,1)(s + 3.211\,4)(s^2 + 10.084\,3s + 32.488\,9)} \\
&= \frac{-3.069\,4(s + 0.435\,3)}{s^2 + 10.084\,3s + 32.488\,9}
\end{aligned}
$$

油门位置到迎角和俯仰角速度的传递函数如下:

$$
\begin{aligned}
\frac{\alpha(s)}{\delta_{t}(s)} &= \frac{-0.004\,2(s + 24.297\,4)(s + 6.669\,1)(s + 3.211\,4)}{(s + 6.669\,1)(s + 3.211\,4)(s^2 + 10.084\,3s + 32.488\,9)} \\
&= \frac{-0.004\,2(s + 24.297\,4)}{s^2 + 10.084\,3s + 32.488\,9}
\end{aligned}
$$

$$
\begin{aligned}
\frac{q(s)}{\delta_{t}(s)} &= \frac{-0.058\,9(s + 6.669\,1)(s + 3.211\,4)(s - 2.113\,8)}{(s + 6.669\,1)(s + 3.211\,4)(s^2 + 10.084\,3s + 32.488\,9)} \\
&= \frac{-0.058\,9(s - 2.113\,8)}{s^2 + 10.084\,3s + 32.488\,9}
\end{aligned}
$$

可见,和开环模型跟随控制一样,由于 $\boldsymbol{B}$ 矩阵可逆,变稳控制律制造的零点可以精确对消本机的极点,从而实现理想的模型跟踪控制。

升降舵向上阶跃偏转时的响应曲线如图 3.32 所示。

类似地,有油门阶跃推杆时的响应曲线如图 3.33 所示。

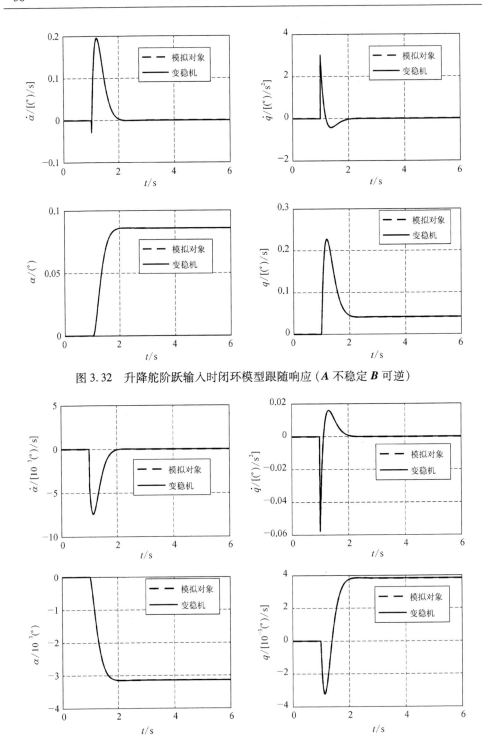

图 3.32　升降舵阶跃输入时闭环模型跟随响应（**A** 不稳定 **B** 可逆）

图 3.33　升降舵阶跃输入时闭环模型跟随响应（**A** 不稳定 **B** 可逆）

从变稳机的传递函数和仿真效果看,在标称条件下,闭环模型跟随控制与开环模型跟随控制具有相同的效果,但是当本机模型偏离标称情况时,闭环模型跟随控制比开环模型跟随控制具有更好的鲁棒性。因为在非标称情况下,由于本机参数偏离标称值,变稳控制律制造的零点可能无法精确对消本机的极点,对开环模型跟随控制,可能还存在不稳定的极点,变稳机可能是不稳定的,将无法对模拟对象进行跟踪。但闭环模型跟随控制由于引入了模拟对象与本机状态误差的反馈,即使变稳控制律制造的零点没有精确对消本机的极点,也不至于使变稳机失稳,所以还可以在更大程度上跟踪模拟对象。

2) A 不稳定 B 不可逆

假设模拟对象与本机状态矩阵与 3.4.2 节中 A 不稳定 B 不可逆的相同,采用闭环模型跟随法来设计变稳控制律,实现对模拟对象的跟踪。由于本机不稳定,所以引入误差 $x_m - x$ 反馈,对本机进行增稳,然后根据开环模型跟随控制方法设计前馈系数。设反馈系数矩阵为

$$K_p = \begin{bmatrix} -20.373\ 4 & 0.595\ 0 \end{bmatrix}$$

在该反馈作用下,本机系统矩阵将变为

$$A - BK_p = \begin{bmatrix} 0.881\ 6 & 0.785\ 7 \\ -39.219\ 0 & -10.760\ 4 \end{bmatrix}$$

其特征根为 $-3.187\ 7$ 和 $-6.691\ 2$,本机从不稳定系统变为了稳定系统。再根据开环模型跟随控制的前馈系数矩阵为

$$K_{m1} = \begin{bmatrix} 0.005\ 6 & -0.483\ 2 \end{bmatrix};$$
$$K_m = \begin{bmatrix} 1.419\ 1 & -5.798\ 5 \end{bmatrix}$$

可得 Simulink 仿真模型如图 3.34 所示。

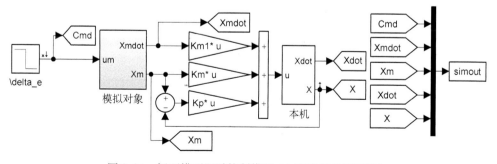

图 3.34　闭环模型跟随控制模型（A 不稳定 B 不可逆）

对上述 Simulink 模型进行线性化得系统的状态空间矩阵如下:

$$\boldsymbol{A}_c = \begin{bmatrix} -0.092\,6 & 1.020\,1 & 0 & 0 \\ -30.941\,7 & -9.991\,7 & 0 & 0 \\ -0.096\,1 & -0.008\,9 & 0.881\,6 & 0.785\,7 \\ 8.287\,5 & 0.765\,9 & -39.219\,0 & -10.760\,4 \end{bmatrix} ; \quad \boldsymbol{B}_c = \begin{bmatrix} 0.034\,0 \\ -3.069\,4 \\ 0.035\,6 \\ -3.069\,4 \end{bmatrix}$$

升降舵到迎角的传递函数如下：

$$\frac{\alpha(s)}{\delta_e(s)} = \frac{0.035\,597(s - 56.988\,3)(s^2 + 10.758\,4s + 40.359\,2)}{(s + 6.691\,2)(s + 3.187\,7)(s^2 + 10.084\,3s + 32.488\,9)}$$

升降舵到俯仰角速度的传递函数为

$$\frac{q(s)}{\delta_e(s)} = \frac{-3.069\,4(s^2 + 10.758\,4s + 40.359\,2)(s - 0.426\,7)}{(s + 6.691\,2)(s + 3.187\,7)(s^2 + 10.084\,3s + 32.488\,9)}$$

可以看出，变稳控制律构造的零点与增稳后的飞机极点存在较大差异，两者无法进行对消，所以变稳机动态特性虽然稳定，但与模拟对象应该存在较大差异。升降舵向上阶跃偏转时的响应曲线如图 3.35 所示。

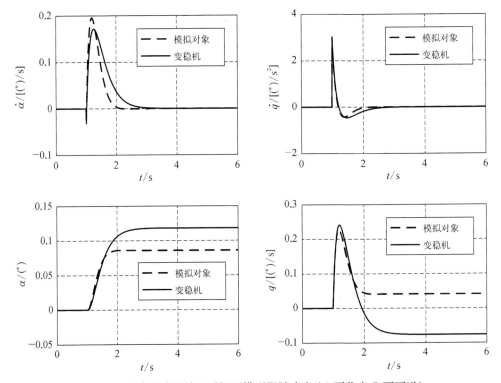

图 3.35　升降舵阶跃输入时闭环模型跟随响应（A 不稳定 B 不可逆）

　　从传递函数和阶跃响应可以看出,变稳机虽然是稳定的,但其响应过程与模拟对象之间存在较大差异。在模拟对象达到稳态值的动态过渡过程中,迎角和俯仰角速度的跟踪较好,但当模拟对象达到稳态值后,变稳机与模拟对象之间的差异就出现了。因此根据该变稳机很难准确获取模拟对象稳态时的响应特性,但可以获得其较好的动态响应特性。和开环模型跟随相比,引入误差反馈构成闭环模型跟随后,变稳机是稳定的,这不仅提高了其对模拟对象的跟踪能力,而且也更为安全。

　　3)A 稳定 B 不可逆

　　假设模拟对象和本机状态矩阵与 3.4.2 节中 A 稳定 B 不可逆的相同,采用闭环模型跟随法设计相应的变稳控制律。本机是稳定的,其特征根为 $-0.599\,2$ 和 $-11.785\,1$,引入模拟对象与本机状态误差反馈后可以改变其特征根,使其动态特性更加理想。仍然假设反馈系数矩阵为

$$K_{\mathrm{p}} = \begin{bmatrix} -20.373\,4 & 0.595\,0 \end{bmatrix}$$

在该反馈作用下,本机系统矩阵将变为

$$A - BK_{\mathrm{p}} = \begin{bmatrix} 0.096\,4 & 0.785\,7 \\ -45.102\,4 & -10.760\,4 \end{bmatrix}$$

其特征根为 $-5.332\,0+2.443\,5\mathrm{i}$ 和 $-5.332\,0-2.443\,5\mathrm{i}$,阻尼比为 0.909,频率为 5.87 rad/s,本机模态特性得以改善后,再根据开环模型跟随控制的前馈系数矩阵为

$$K_{\mathrm{m1}} = \begin{bmatrix} 0.005\,6 & -0.483\,2 \end{bmatrix}; \quad K_{\mathrm{m}} = \begin{bmatrix} -1.419\,1 & -5.798\,5 \end{bmatrix}$$

可得 Simulink 仿真模型如图 3.36 所示。

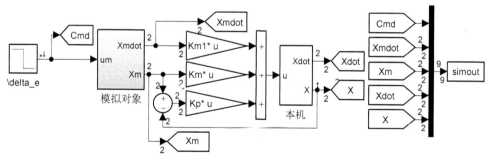

图 3.36　闭环模型跟随控制模型（A 稳定 B 不可逆）

　　对上述 Simulink 模型进行线性化后得到系统状态空间矩阵如下:

$$A_{\mathrm{c}} = \begin{bmatrix} -0.092\,6 & 1.020\,1 & 0 & 0 \\ -30.941\,7 & -9.991\,7 & 0 & 0 \\ -0.164\,2 & -0.008\,9 & 0.096\,4 & 0.785\,7 \\ 14.161\,0 & 0.765\,9 & -45.102\,4 & -10.760\,4 \end{bmatrix}; \quad B_{\mathrm{c}} = \begin{bmatrix} 0.034\,0 \\ -3.069\,4 \\ 0.035\,6 \\ -3.069\,4 \end{bmatrix}$$

升降舵到迎角和俯仰角速度的传递函数如下：

$$\frac{\alpha(s)}{\delta_e(s)} = \frac{0.035597(s - 56.9883)(s^2 + 10.6933s + 45.7007)}{(s^2 + 10.6640s + 34.4010)(s^2 + 10.0843s + 32.4889)}$$

$$\frac{q(s)}{\delta_e(s)} = \frac{-3.0694(s^2 + 10.6933s + 45.7007)(s + 0.4267)}{(s^2 + 10.6640s + 34.4010)(s^2 + 10.0843s + 32.4889)}$$

可以看出，由于 **B** 矩阵不可逆，变稳控制律构造的零点依然没能精确对消增稳后的本机极点，但两者比较接近，而且都是稳定的。

升降舵向上阶跃偏转时的响应曲线如图 3.37 所示。

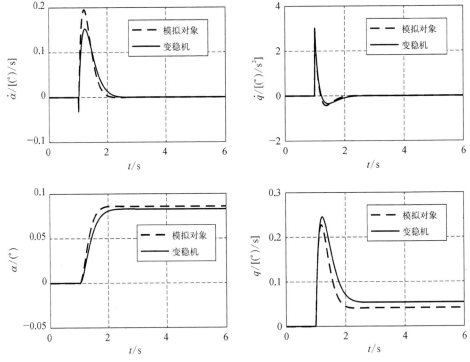

图 3.37　升降舵阶跃输入时闭环模型跟随响应（**A** 稳定 **B** 不可逆）

可以看出，变稳机响应过程与模拟对象的响应过程接近，但由于 **B** 矩阵不可逆，仍然存在偏差。和本机系统矩阵不稳定情况相比，在本机系统矩阵稳定情况下的闭环模型跟随控制的稳态误差大为减小。和开环模型跟随相比，稳态误差也大为减小。

3.4.4　总结

模型跟随法是通过零极点对消的方式来进行控制的。如果 **A**、**B** 可控，且 **B** 可逆,则通过前馈控制可实现精确零极点对消,无论系统 A 是否稳定,整个系统均等效于模拟对象的参考模型;当 B 不可逆时,不能实现精确零极点对消,如果 A 不稳定,开环模型跟随法的整个系统将可能是发散的,为保证系统的稳定性,必须引入状态反馈。通过设计反馈系数,使 $(A - BK_p)$ 成为稳定系统,然后再实施零极点对消。

当 A、B 可控,但 B 不可逆时,不能实现理想的状态跟踪,状态变量与参考模型之间存在稳态误差,但动态过程跟踪特性良好。

为了保证闭环系统的鲁棒性,无论本机是否稳定,只要其动态品质达不到一级飞行品质要求,都建议增加反馈环节,以保证系统受到扰动时还有较好的稳定性和动态特性。

但是,增加反馈环节后,反馈控制参数如何计算呢? 可以根据稳定性需求,采用特征结构配置技术来进行计算,在第 4 章将详细介绍这一技术。

第4章 基于特征结构配置方法的
变稳控制律设计

关于前馈和反馈系数的确定,对于响应反馈法,除了应用前面介绍的方法进行计算外,还可以采用特征结构配置方法进行设计,闭环模型跟随法的反馈系数 K_p 也可以采用特征结构配置方法进行设计。

4.1 特征结构配置方法简介

由线性系统理论可知,线性系统的响应不仅与系统的特征值有关,而且与系统的特征向量有关。动力学系统理论中将系统的特征值和特征向量统称为系统特征结构,配置闭环系统特征值和特征向量的方法称为特征结构配置法或特征结构配置技术,简称特征结构配置[16,17]。线性系统的特征结构配置技术比单纯的极点配置技术更能把握系统的性能,是一项既能保证系统的稳定性,又能实现系统模态解耦的技术。

特征结构配置方法的研究始于 20 世纪 60 年代,是一种基于时间域的多变量系统设计方法,提供了模态分解手段,所以在解耦控制中非常有用[18-20]。飞机特征结构配置技术是设计人员根据飞机飞行品质要求直接选择适当的特征值和特征向量,使飞机达到期望的动态响应特性的一种技术。在飞机特征结构配置技术中,特征值用于使闭环系统稳定,特征向量用于使动态响应解耦,两者一起保证系统的动态性能。因此,特征结构配置方法在飞控系统设计中有着广阔的应用前景。

据文献[21]和[22]介绍,Andary 等学者最先将其应用于飞行控制系统设计。该方法已在波音 767 侧向飞行控制系统设计中获得了成功应用。空中客车 A320 的横航向控制律的内回路也使用了特征结构配置,用来提高荷兰滚模态的阻尼和产生一个中性的螺旋模态并限制发动机失效时的横航向状态摄动[23]。美国空军 B-2 隐形战略轰炸机也采用特征结构配置方法来满足横航向品质要求[24,25]。

国内许多学者也对特征结构配置在飞行控制系统中的应用做了一些研究。文献[26]将特征结构配置法应用到飞行控制系统设计中,设计出结构简单的多输入多输出飞行控制器,能同时考虑鲁棒性和系统动态性能要求,满足解耦与鲁棒性等高性能飞行控制系统的设计要求。文献[27]应用特征结构配置,提出了一种新的无人机直接侧力模态控制系统设计方法——基于输出反馈的鲁棒特征结构配置最优化方法。

下面将结合飞机的时域响应,说明特征结构与系统动态响应之间的关系。

4.1.1 飞机典型模态特征

任意线性系统对输入或初始状态扰动的时历响应过程都与系统本身的极点（或特征值）有密切关系。动力学系统理论中将每一个特征值对应的简单运动称为一种模态，系统总的响应由各个模态叠加而成。根据线性系统的特征，其特征值无论数值如何变化，归根结底，无外乎两类：一类为实特征值，另一类为共轭复特征值。因此，对应的模态也可以分为两类：实数型特征值对应的模态为指数模态，共轭复特征值对应的模态为振荡模态。对飞机而言，其基本典型模态有：纵向短周期模态、长周期模态、横航向荷兰滚模态、滚转模态和螺旋模态。典型情况下，短周期、长周期和荷兰滚模态为振荡模态，滚转和螺旋模态为指数模态。

典型情况下，短周期模态主要表现为飞机对称面内绕飞机重心转动、大幅度衰减的二阶振荡；长周期模态主要表现为铅垂面内飞机速度和高度小幅度衰减振荡的二阶振荡；滚转模态主要表现为飞机滚转运动的非振荡大幅度衰减；荷兰滚模态主要表现为侧滑、滚转和偏航的小幅值衰减振荡；螺旋模态是包括滚转、偏航运动在内的非振荡极慢模态[7-11]。

飞机动态运动是各个模态的线性叠加。因此，一个稳定的飞机运动对任意初始状态和输入的时历响应可以描述为一阶模态、二阶模态和常值的线性组合：

$$y(t) = M_1 e^{-\sigma_1 t} + M_2 e^{-\sigma_2 t} \sin(\omega_2 t + \phi) + M_3 \qquad (4.1)$$

对任意输入的时历响应结果如图 4.1 所示，由图可看出最终响应为三个模态

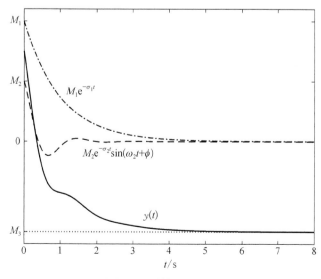

图 4.1 系统时历响应

的叠加。

式(4.1)中的参数可以分为两组,第一组参数表明了模态随时间变化的关系。在第一项中, σ_1 的值决定了该模态按指数衰减的速度,其大小反映了一阶惯性环节的时间常数。在第二项中,由于存在两个时间变量而使得其关系变得复杂。 σ_2 的值决定了该模态的衰减速度,但此模态是振荡的,振荡频率由 ω_2 决定。第三个模态是一个常量。在经典控制工程中, $-\sigma_1$ 和 $-\sigma_2 \pm j\omega_2$ 的值为飞机系统传递函数的极点,在状态空间描述中,它们是飞机动态数学模型中状态矩阵 A 的特征值。第二组参数为每个模态的幅值,即 M_1 、 M_2 、 M_3 。这些参数决定了各模态在某一特定变量 $y(t)$ 中所占的比例。例如, M_1 的值较大, M_2 值较小时表明 $y(t)$ 受 σ_2 、 ω_2 的影响较小,主要由 M_1 来决定, M_1 所对应的模态是主导模态。但在所有的情况下, M_3 都作为一个固定的值存在。综上所述, $y(t)$ 的响应形式是三个模态的线性叠加,模态所对应的幅值决定了模态在时历响应中的贡献,这种关系描述了模态与输出的耦合程度。

耦合关系对于控制系统设计是至关重要的,每个模态对输出响应的耦合程度是衡量系统性能的一个重要方面。因此,改变这些耦合关系是控制系统设计的基本目的之一。

在经典控制工程中,模态的幅值依赖于系统的零点,而在现代控制理论中,针对一个多输入多输出系统,各个模态的幅值由该模态对应的特征向量决定。

4.1.2　飞机时历响应与特征结构关系

在经典控制理论中,通常以传递函数形式描述系统的动态特性,而在现代控制理论中,则以状态方程的形式描述系统的动态特性,其具体形式如下[4-6]:

$$\begin{cases} \dot{x} = Ax + Bu \\ y = Cx + Du \end{cases} \tag{4.2}$$

其中, $x \in R^n$ 为系统状态向量; $u \in R^m$ 为系统输入向量(又称控制输入); $y \in R^p$ 为系统输出向量。 $A \in R^{n \times n}$ 称为系统(状态)矩阵,用以描述系统本身的动态特性,系统对状态扰动和外部输入的响应过程与 A 矩阵密切相关; $B \in R^{n \times m}$ 称为系统输入矩阵,描述了系统外部输入对状态 x 的影响; $C \in R^{p \times n}$ 称为系统输出矩阵,描述了状态 x 的哪些分量是可测输出 y ; $D \in R^{p \times m}$ 称为系统控制输出矩阵,描述了外部输入对可测输出 y 的影响。

矩阵 A 可以进一步分解为两个要素:特征值和特征向量,二者构成了系统矩阵 A 的特征结构,其关系可描述如下[21,22,28-30]:

$$AV = V\Lambda \tag{4.3}$$

其中，$\boldsymbol{\Lambda} = [\lambda_1 \cdots \lambda_i \cdots \lambda_n]$ 为特征值；$\boldsymbol{V} = [\boldsymbol{v}_1 \cdots \boldsymbol{v}_i \cdots \boldsymbol{v}_n]$ 为对应的右特征向量。右特征向量 $\boldsymbol{V}$ 是系统状态空间的基，线性系统任意时刻的状态都可以表示为特征向量的线性组合。系统的左特征向量为第二种基空间，它可以描述为

$$\boldsymbol{W}\boldsymbol{A} = \boldsymbol{\Lambda}\boldsymbol{W} \tag{4.4}$$

$\boldsymbol{W}^{\mathrm{T}} = [\boldsymbol{w}_1 \cdots \boldsymbol{w}_i \cdots \boldsymbol{w}_n]$ 为对应左特征向量。

通过求解式(4.2)所描述的线性系统方程，可以建立起系统状态(或输出)时历响应与系统特征值、特征向量之间的关系。

$$\boldsymbol{x}(t) = \underbrace{\sum_{i=1}^{n} \boldsymbol{v}_i \boldsymbol{w}_i^{\mathrm{T}} \mathrm{e}^{\lambda_i t} \boldsymbol{x}_0}_{\text{自由响应}} + \underbrace{\sum_{i=1}^{n} \boldsymbol{v}_i \boldsymbol{w}_i^{\mathrm{T}} \int_0^t \mathrm{e}^{\lambda_i(t-\tau)} \boldsymbol{B}\boldsymbol{u}(\tau)\,\mathrm{d}\tau}_{\text{强迫响应}} \tag{4.5}$$

$$\boldsymbol{y}(t) = \underbrace{\sum_{i=1}^{n} \boldsymbol{C}\boldsymbol{v}_i \boldsymbol{w}_i^{\mathrm{T}} \mathrm{e}^{\lambda_i t} \boldsymbol{x}_0}_{\text{自由响应}} + \underbrace{\sum_{i=1}^{n} \boldsymbol{C}\boldsymbol{v}_i \boldsymbol{w}_i^{\mathrm{T}} \int_0^t \mathrm{e}^{\lambda_i(t-\tau)} \boldsymbol{B}\boldsymbol{u}(\tau)\,\mathrm{d}\tau}_{\text{强迫响应}} \tag{4.6}$$

由式(4.5)和式(4.6)可以看到，系统状态或输出响应由两部分组成。第一部分与系统初始状态有关，称为自由响应；第二部分与系统外部输入有关，称为强迫响应。可以看出，线性系统的时历响应由以下四个要素决定：

（1）系统的特征值 λ_i，决定了系统的稳定性和响应速度；

（2）系统的特征向量 $\boldsymbol{v}_i$、$\boldsymbol{w}_i$，决定了各模态间的耦合关系和耦合程度；

（3）系统的初始状态 $\boldsymbol{x}_0$；

（4）系统的外部输入 $\boldsymbol{u}(\tau)$。

4.1.3　系统模态的耦合关系与特征向量选取

1）系统模态对状态、输出的耦合关系

在系统无外界输入的条件下，干扰或初始条件对系统的时历响应起主要作用。根据式(4.1)，可写出系统状态的时历响应为

$$\boldsymbol{x}(t) = \boldsymbol{M}_1 \mathrm{e}^{-\sigma_1 t} + \boldsymbol{M}_2 \mathrm{e}^{-\sigma_2 t}\sin(\omega_2 t + \alpha) + \boldsymbol{M}_3 \tag{4.7}$$

式中，$\boldsymbol{x}(t)$ 为系统的状态向量；$\boldsymbol{M}_i = \boldsymbol{v}_i \boldsymbol{w}_i^{\mathrm{T}} \boldsymbol{x}_0$。

与式(4.5)相比较可以看出决定 $\boldsymbol{x}(t)$ 的要素为系统特征值(或极点) $-\sigma_1$、$-\sigma_2 \pm \mathrm{j}\omega_2$ 和模态幅值。不过组成 $\boldsymbol{x}(t)$ 的各模态部分的幅值是比较复杂的，在无外界输入的条件下，由式(4.5)可以看出，各部分的幅值由初始状态与对应模态的左、右特征向量相乘得到。因此，系统状态与模态的耦合关系取决于系统特征向量，而其耦合程度取决于特征向量对应元素的幅值。

由以上分析可知,系统的状态与模态间的耦合关系可以通过配置右特征向量来改变。式(4.5)表明,系统模态对自由响应的影响与右特征向量成正比,比例系数为 $w_i^T x_0$。所以可以认为,系统的初始状态与左特征向量只影响系统模态对状态的耦合程度,而右特征向量则直接影响其耦合关系。

与系统状态相类似,系统输出的时历响应如下:

$$y(t) = M_1 e^{-\sigma_1 t} + M_2 e^{-\sigma_2 t} \sin(\omega_2 t + \alpha) + M_3 \qquad (4.8)$$

式中,$y(t)$ 为系统的输出向量;$M_i = C v_i w_i^T x_0$。

由上式可以看出,系统输出与模态间的耦合关系由 $C v_i$ 决定。定义 $C v_i$ 为模态耦合向量,它决定了第 i 个模态对系统输出的耦合作用。因此,同样可以通过配置右特征向量来达到输出对模态的解耦。

2)特征向量的选取与解耦

由以上的分析可以看出,系统特征向量与系统时历响应曲线密切相关,通过设计合适的特征向量可实现系统模态解耦。Moore 指出[31],在多输入多输出系统中除了能够配置系统特征值外,还存在额外自由度,这个额外的自由度可以用来配置闭环系统的特征向量。通过特征值的配置可以改变系统的稳定性,而特征向量的配置可以改变状态变量和模态之间的耦合程度。在多变量控制系统(如飞行控制系统)设计中,根据设计目的,对于给定的特征值,只要使对应的特征向量中需要解耦模态所对应的元素为零,就可以得到满足要求的解耦设计结果,使闭环系统具有期望的动态性能。需要注意的是特征向量的选择要根据系统的具体特点来决定。

4.2　状态反馈特征结构配置方法

4.2.1　问题描述

基于特征结构配置的全状态反馈所要解决的问题是:寻找一个 $m \times n$ 维实矩阵 K,使得闭环系统矩阵 $A - BK$ 的特征值就是要求的自共轭(当复数集合中诸元素的复共轭还在复数集合中时,称为自共轭)标量集 $\{\lambda_i^d\}$ ($i = 1, 2, \cdots, n$),而对应的特征向量为希望的自共轭集 $\{v_i^d\}$ ($i = 1, 2, \cdots, n$)。

4.2.2　状态反馈矩阵的存在性

系统的瞬态响应取决于系统的特征结构(特征值和特征向量),系统特征结构的改变必然会改变系统的瞬态响应。

对于系统:

$$\begin{cases} \dot{\boldsymbol{x}} = \boldsymbol{A}\boldsymbol{x} + \boldsymbol{B}\boldsymbol{u} \\ \boldsymbol{y} = \boldsymbol{C}\boldsymbol{x} \end{cases} \tag{4.9}$$

$\boldsymbol{x} \in \boldsymbol{R}^n$ 为系统状态向量；$\boldsymbol{u} \in \boldsymbol{R}^m$ 为系统输入向量（又称控制输入）；$\boldsymbol{y} \in \boldsymbol{R}^p$ 为系统输出向量。$\boldsymbol{A} \in \boldsymbol{R}^{n \times n}$ 称为系统（状态）矩阵，用以描述系统本身的动态特性，系统对状态扰动和外部输入的响应过程与 $\boldsymbol{A}$ 矩阵密切相关；

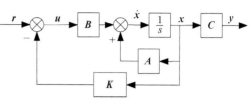

图 4.2　状态反馈控制原理方框图

$\boldsymbol{B} \in \boldsymbol{R}^{n \times m}$ 称为系统输入矩阵，描述了系统外部输入对状态 $\boldsymbol{x}$ 的影响；$\boldsymbol{C} \in \boldsymbol{R}^{p \times n}$ 称为系统输出矩阵，描述了状态 $\boldsymbol{x}$ 的哪些分量是可测输出 $\boldsymbol{y}$。假定 $\mathrm{rank}(\boldsymbol{B}) = m$，$\mathrm{rank}(\boldsymbol{C}) = p$，全状态反馈控制的基本原理方框图如图 4.2 所示。

由图 4.2 可得状态反馈控制律为

$$\boldsymbol{u} = -\boldsymbol{K}\boldsymbol{x} \tag{4.10}$$

相应的闭环系统状态方程为

$$\dot{\boldsymbol{x}} = (\boldsymbol{A} - \boldsymbol{B}\boldsymbol{K})\boldsymbol{x} = \boldsymbol{G}\boldsymbol{x} \tag{4.11}$$

假设 $\boldsymbol{G}$ 具有 n 个互异特征值 $\lambda_i(i = 1, 2, \cdots, n)$，对应的特征向量为 $\boldsymbol{v}_i(i = 1, 2, \cdots, n)$，则有

$$\boldsymbol{G}\boldsymbol{v}_i = \lambda_i \boldsymbol{v}_i (i = 1, 2, \cdots, n) \tag{4.12}$$

关于全状态反馈的反馈系数矩阵 $\boldsymbol{K}$ 的存在性问题，有如下结论。

（1）1967 年，Wonham 研究指出[32]，对式（4.9）所描述的系统的全状态反馈问题，如果系统可控，则存在 $m \times n$ 维实矩阵 $\boldsymbol{K}$，对于任意自共轭标量集 $\{\lambda_i^d\}$（$i = 1, 2, \cdots, n$），使得 $\boldsymbol{A} - \boldsymbol{B}\boldsymbol{K}$ 的特征向量为 $\{\boldsymbol{v}_i^d\}$（$i = 1, 2, \cdots, n$）。也就是说，当系统可控时，存在 $m \times n$ 实反馈矩阵 $\boldsymbol{K}$，满足相关要求。

（2）1976 年，Moore 研究了式（4.9）所表示的系统，导出了针对规定的特征值和特征向量，状态反馈增益矩阵 $\boldsymbol{K}$ 存在的充分必要条件[31]。

定义：

$$\boldsymbol{S}_\lambda = [\lambda \boldsymbol{I}^{n \times n} - \boldsymbol{A} \vdots \boldsymbol{B}^{n \times m}] \tag{4.13}$$

与其对应的分块矩阵为

$$\boldsymbol{R}_\lambda = \begin{bmatrix} \boldsymbol{N}_\lambda \\ \boldsymbol{M}_\lambda \end{bmatrix} \begin{matrix} \boldsymbol{N}_\lambda \in \boldsymbol{R}^{n \times n} \\ \boldsymbol{M}_\lambda \in \boldsymbol{R}^{m \times n} \end{matrix} \tag{4.14}$$

则有下述关系：

$$S_\lambda R_\lambda = (\lambda I - A)N_\lambda + BM_\lambda = 0 \tag{4.15}$$

其中，R_λ 的诸列形成 S_λ 矩阵零空间的一个基。对于 $\mathrm{rank}(B) = m$，N_λ 各列线性独立；并且 $N_{\lambda^*} = N_\lambda^*$，其中"$*$"表示共轭复数。Moore 指出：令 $\{\lambda_i\}_{i=1}^n$ 为一组自共轭的互异复数特征值，则存在一实矩阵 $K(m \times n)$，使得 $A - BK$ 的特征方程：

$$(A - BK)v_i = \lambda_i v_i (i = 1, 2, \cdots, n) \tag{4.16}$$

令其成立的充要条件为：

(1) $\{v_i\}_{i=1}^n$ 为复域 $\mathbf{C}^n$ 中一组线性无关向量；

(2) 当 $\lambda_i = \lambda_i^*$ 时，$v_i = v_i^*$；

(3) $v_i \in \mathrm{span}\{N_{\lambda_i}\}$

并且，当 K 存在且 $\mathrm{rank}(B) = m$ 时，反馈矩阵 K 唯一。

也就是说，给定一组互异的特征值，配置的特征向量若满足上面的条件(1)~(3)，则可求得反馈增益矩阵 K，而且是唯一的。但必须指出：若期望的特征向量不满足这 3 个条件，只能在最小二乘意义下，用非常逼近期望特征向量的可达特征向量来近似，从而求出反馈增益阵 K。

Srinathkumar 指出[29]，对于式(4.9)所示的可控系统，可任意指定 n 个特征值，每个特征值对应的特征向量中，最多可任意选择 m 个元素。

4.3　输出反馈特征结构配置方法

4.3.1　问题的描述

从工程实践角度来讲，全状态反馈具有一定的局限性，因为实际系统中并非所有状态可测，或者可测但测量成本较高。因此，仅仅通过反馈可测量或易测量变量进行控制无疑具有较大的吸引力，这就是输出反馈控制。

输出反馈控制基本原理框图如图 4.3 所示。

由图 4.3 可得输出反馈控制律为

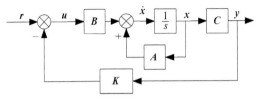

图 4.3　输出反馈控制原理方框图

$$u = -Ky = -KCx \tag{4.17}$$

$$\dot{x} = (A - BKC)x = Gx \tag{4.18}$$

假设 G 具有 n 个互异特征值 $\lambda_i(i = 1, 2, \cdots, n)$，对应的特征向量为 $v_i(i = 1, 2, \cdots, n)$，则有

$$\boldsymbol{G}\boldsymbol{v}_i = \lambda_i \boldsymbol{v}_i \qquad (4.19)$$

则基于特征结构配置的输出反馈所要解决的问题可以描述为：给定自共轭标量集 $\{\lambda_i^d\}$ $(i = 1, 2, \cdots, n)$ 和对应的 n 维向量集 $\{\boldsymbol{v}_i^d\}$ $(i = 1, 2, \cdots, n)$，要寻找 $m \times p$ 维实矩阵 $\boldsymbol{K}$，使得 $\boldsymbol{A} - \boldsymbol{BKC}$ 的特征值为自共轭标量集 $\{\lambda_i^d\}$，对应的特征向量正好是自共轭集 $\{\boldsymbol{v}_i^d\}$。

对于输出反馈特征结构配置，有如下结论：如果系统(4.9)是可控可观的，且有 $\mathrm{rank}(\boldsymbol{B}) = m$，$\mathrm{rank}(\boldsymbol{C}) = p$，那么通过输出反馈 $\boldsymbol{u} = -\boldsymbol{K}\boldsymbol{y}$，闭环系统可配置 $\max(m, p)$ 个闭环特征值，并可局部配置 $\max(m, p)$ 个特征向量，其中每个特征向量中有 $\min(m, p)$ 个元素可任意配置。

4.3.2　特征向量的可配置性

回顾式(4.9)所描述的系统方程，相应对于 $\boldsymbol{A}$、$\boldsymbol{B}$、$\boldsymbol{C}$ 阵的假定以及关于 $\{\lambda_i^d\}$、$\{\boldsymbol{v}_i^d\}$ 的问题陈述，在此考虑如下问题：

（1）归纳可配置的闭环特征向量所具有的特征；

（2）当理想的 $\{\boldsymbol{v}_i^d\}$ 不可配置（因为通常情况下特征向量的配置不像所期望的那么具有任意性）时，确定最可能配置的闭环特征向量。

1. $\boldsymbol{v}_i^d$ 的综合特性

首先，考虑闭环系统：

$$\dot{\boldsymbol{x}} = (\boldsymbol{A} - \boldsymbol{BKC})\boldsymbol{x} \qquad (4.20)$$

假设给定的理想闭环系统特征值为 $\{\lambda_i\}_{i=1}^r$ 且 $\boldsymbol{v}_i$ 为 λ_i 对应的闭环特征向量。对于一组特征值 λ_i 和特征向量 $\boldsymbol{v}_i$，有

$$(\boldsymbol{A} - \boldsymbol{BKC})\boldsymbol{v}_i = \lambda_i \boldsymbol{v}_i \qquad (4.21)$$

或

$$\boldsymbol{v}_i = -(\lambda_i \boldsymbol{I} - \boldsymbol{A})^{-1}\boldsymbol{BKC}\boldsymbol{v}_i \qquad (4.22)$$

假定闭环系统理想特征值与 $\boldsymbol{A}$ 阵特征值不等，因此 $(\lambda_i \boldsymbol{I} - \boldsymbol{A})$ 的逆存在。分析式(4.22)，定义 m 维向量：

$$\boldsymbol{m}_i = \boldsymbol{KC}\boldsymbol{v}_i \qquad (4.23)$$

则式(4.22)可化为

$$\boldsymbol{v}_i = -(\lambda_i \boldsymbol{I} - \boldsymbol{A})^{-1}\boldsymbol{B}\boldsymbol{m}_i \qquad (4.24)$$

由式(4.24)可知,特征向量 v_i 必须属于 $-(\lambda_i I - A)^{-1}B$ 的诸列张成的子空间。该子空间的维数为 B 阵的秩 m,等于独立控制量的个数。这样,可用控制变量的个数来决定特征向量所必须属于的子空间的维数大小。子空间由开环状态空间矩阵 A、B 与闭环特征值决定。因此,若所选择的特征向量恰好处于由 $-(\lambda_i I - A)^{-1}B$ 的诸列张成的子空间,v_i^d 便可精确配置。

2. v_i^d 最可能达到的配置 v_i^a

在考虑特征向量的可达配置之前,必须先选择理想特征向量 v_i^d。从前面的论述中知道,可达特征向量从数学角度考虑必须属于一定的子空间。而设计者对特征向量的需求或愿望则通常没有考虑子空间的存在。在实际工程应用中,设计者是从系统性能的角度考虑特征向量的好坏。

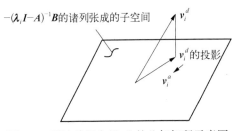

图 4.4　可达特征向量 v_i^a 的几何解释示意图

通常情况下,由于理想特征向量 v_i^d 不属于预先规定的子空间而达不到要求,这时可用最可能达到的特征向量来代替理想特征向量 v_i^d。这个可达向量是 v_i^d 在 $-(\lambda_i I - A)^{-1}B$ 的诸列张成的子空间内的投影,记作 v_i^a。示意图见图 4.4。下面研究如何计算 v_i^a。首先定义:

$$L_i = -(\lambda_i I - A)^{-1}B \qquad (4.25)$$

前面提到,可达到的特征向量必须属于所需子空间,即

$$v_i^a = L_i z_i = -(\lambda_i I - A)^{-1}B z_i, \ z_i \in R^m \qquad (4.26)$$

为了求出 v_i^d 投影到可达性空间上时对应的值 z_i,选择的 z_i 要最小化下列性能指标:

$$J = \| v_i^d - v_i^a \|^2 = \| v_i^d - L_i z_i \|^2 \qquad (4.27)$$

令

$$\partial J / \partial z_i = 2 L_i^{\mathrm{T}} (L_i z_i - v_i^d) = 0 \qquad (4.28)$$

则有

$$z_i = (L_i^{\mathrm{T}} L_i)^{-1} L_i^{\mathrm{T}} v_i^d \qquad (4.29)$$

$$v_i^a = L_i (L_i^{\mathrm{T}} L_i)^{-1} L_i^{\mathrm{T}} v_i^d \qquad (4.30)$$

对 $-(\lambda_i I - A)^{-1}B$ 的诸列张成的子空间的重要性做如下阐述:

(1) 如果理想特征向量 v_i^d 接近正交于 $-(\lambda_i I - A)^{-1}B$ 的诸列张成的子空间,

则由理想特征向量难以改善系统响应。

（2）若子空间维数较大，则需要更多的独立的控制变量。这是由于 $-(\lambda_i I - A)^{-1}B$ 生成的子空间维数是 m。因此，为了增加 m，必须增加 B 的秩。

（3）对于单输入系统（B 仅为一个列向量），虽然可指定一个特征向量中的一个元素，但却不能选择这个特征向量。

总之，最坏的情况就是在 $\text{rank}(B) = 1$ 时，除 1 个特征向量的 1 个元素可以任意确定外，其余元素全都不能由设计者选择。m 的值越大，在特征值中可自由选定的元素也就越多。当 $\text{rank}(B) = n$ 时，全部特征向量都可由设计者任意确定。但一般情况下 $m < n$，且输出状态为 $r < n$，因此能自由选定的元素就更少了。下面讨论只确定部分元素的情况。

3. v_i^d 的部分指定

在大多数实际应用中，不需要对 v_i^d 的全部元素都加以指定。设计者关心的仅是特征向量中的某些元素。

为了处理这种情况，假定向量 v_i^d 具有如下结构：

$$v_i^d = \begin{bmatrix} v_{i1} & \times & \times & v_{ij} & \times & \times & v_{in} \end{bmatrix}^T \tag{4.31}$$

式中，v_{ij} 表示指定元素；×表示未指定元素。

一旦 v_i^d 的几个元素确定之后，下面将讨论如何求出实际的 v_i^a。定义重新排序算子 $\{\ \}^{R_i}$ 如下：

$$\{v_i^d\}^{R_i} = \begin{bmatrix} l_i \\ \hline d_i \end{bmatrix} \tag{4.32}$$

其中，l_i 是由 v_i^d 中指定元素组成的向量；d_i 是由 v_i^d 中未指定元素组成的向量。同样将矩阵 $-(\lambda_i I - A)^{-1}B$ 中的诸行重新排列，并与 v_i^d 中重排序的元素对应起来，也就是

$$\{-(\lambda_i I - A)^{-1}B\}^{R_i} = \begin{bmatrix} \overline{L}_i \\ \hline D_i \end{bmatrix} \tag{4.33}$$

为了求 z_i，对式(4.29)、式(4.30)以 l_i 代 v_i^d、以 $\overline{L}_i$ 代 L_i，得

$$z_i = (\overline{L}_i^T \overline{L}_i)^{-1} \overline{L}_i^T l_i \tag{4.34}$$

$$v_i^a = \overline{L}_i (\overline{L}_i^T \overline{L}_i)^{-1} \overline{L}_i^T l_i \tag{4.35}$$

对每个不同的特征值 λ_i，可以得出相应的 v_i^a。由上式所得到的 v_i^a，是接近期

望特征向量 v_i^d 的(是在最小二乘意义下误差最小的最好结果)。不过每个特征向量 v_i^a,是对应于元素次序经过改变后的特征向量。为了获得次序统一的 v_i^a,应按原有 x 各状态的次序把所有 v_i^a 的次序统一起来,且组成一个 $V \in R^{n \times r}$ 矩阵:

$$V = \begin{bmatrix} v_1 & v_2 & \cdots & v_n \end{bmatrix} \tag{4.36}$$

这就为下一步确定反馈增益准备了条件。

上述公式的默认假定条件为理想向量的维数小于 $\overline{L}_i$ 的行维数和 $\overline{L}_i$ 的秩。多数情况下,假定条件成立。

4.3.3　输出反馈矩阵 *K* 的计算

现在考虑输出反馈矩阵 K 的计算问题。在4.3.2小节中,通过把期望特征向量投影到可达向量空间的方法,求出实际解耦特征向量矩阵 V,通过求解式(4.21)可得反馈增益矩阵为

$$K = - B^+ (V\Lambda_d - AV)(CV)^{-1} \tag{4.37}$$

由此可见,当矩阵 CV 非奇异时,矩阵 K 存在。从数学的观点出发,若 C 的零空间与 V 的诸列张成的子空间的交集仅在原点时,CV 的逆存在。从物理观点出发,当测量量(反映在 C 阵上)对可达到的特征向量(反映在 V 阵上)无影响或影响很小时,CV 奇异或极度病态。因此,CV 的奇异与否,是检验特征向量合理性的有效方法。

4.4　基于特征结构配置的指令跟踪控制

通过反馈控制参数的设计,保证了闭环系统的稳定性,但对控制输入的跟踪性能还不一定满足要求。要想输出能跟踪输入,还需要设计前馈环节。

4.4.1　带前馈的指令跟踪控制器

在指令输入和控制输入之间增加前向增益矩阵对输入指令进行整形,是保证系统对阶跃输入信号的稳态误差为零的一种有效方法。下面以输出反馈为例,研究前向增益矩阵的算法。

考虑线性时不变系统:

$$\begin{cases} \dot{x} = Ax + Bu \\ y = Cx \\ z = Hx + Gu \end{cases} \tag{4.38}$$

式中, $x \in \mathbf{R}^n$ 为状态变量, $u \in \mathbf{R}^m$ 为控制输入, $y \in \mathbf{R}^p$ 为可测输出, $z \in \mathbf{R}^m$ 为需要跟踪参考轨迹的系统输出。一般情况下, z 和 y 并不对等。

输出反馈控制的形式为

$$u = -Ky + s(t) \tag{4.39}$$

式中, $K \in \mathbf{R}^{m \times p}$ 是反馈增益矩阵; $s(t)$ 为使得系统输出 z 能够跟踪参考轨迹的控制输入量。

为了得出前馈增益算法, 先假定一个描述具有期望动态性能的数学模型:

$$\dot{x}_m = A_m x_m + B_m u_m; \quad z_m = H_m x_m + G_m u_m \tag{4.40}$$

将被控系统状态和被控向量用模型变量和误差向量线性表示为

$$x = S_{11} x_m + S_{12} u_m + \delta x; \quad u = S_{21} x + S_{22} u_m + \delta u \tag{4.41}$$

式中, S_{ij} 为待求矩阵, 它能够使系统输出 z 渐近跟踪模型输出 $z_m(t)$; 模型输入 u_m 为指令输入, $\delta u = KC\delta x$。 假设输入信号为阶跃信号。

经过推导, 可得如下等式:

$$\begin{bmatrix} S_{11} & 0 \\ 0 & I \end{bmatrix} \begin{bmatrix} A_m & B_m \\ H_m & G_m \end{bmatrix} = \begin{bmatrix} A & B \\ H & G \end{bmatrix} \begin{bmatrix} S_{11} & S_{12} \\ S_{21} & S_{22} \end{bmatrix} \tag{4.42}$$

若 $\begin{bmatrix} A & B \\ H & G \end{bmatrix}$ 可逆, 则其可逆矩阵分块定义为

$$\boldsymbol{\Omega} = \begin{bmatrix} \boldsymbol{\Omega}_{11} & \boldsymbol{\Omega}_{12} \\ \boldsymbol{\Omega}_{21} & \boldsymbol{\Omega}_{22} \end{bmatrix} = \begin{bmatrix} A & B \\ H & G \end{bmatrix}^{-1} \tag{4.43}$$

将式(4.43)代入式(4.42), 可求得

$$S_{11} = \boldsymbol{\Omega}_{11} S_{11} A_m + \boldsymbol{\Omega}_{12} H_m, \quad S_{12} = \boldsymbol{\Omega}_{11} S_{11} B_m + \boldsymbol{\Omega}_{12} G_m \tag{4.44}$$

$$S_{21} = \boldsymbol{\Omega}_{21} S_{11} A_m + \boldsymbol{\Omega}_{22} H_m, \quad S_{22} = \boldsymbol{\Omega}_{21} S_{11} B_m + \boldsymbol{\Omega}_{22} G_m \tag{4.45}$$

如果要求系统输出 z 跟踪指令输入, 参照参考模型形式, 可令

$$A_m = 0; \quad B_m = 0; \quad H_m = 0; \quad G_m = I \tag{4.46}$$

将式(4.46)代入式(4.44)和式(4.45)可求得

$$S_{11} = 0; \quad S_{12} = \boldsymbol{\Omega}_{12}; \quad S_{21} = 0; \quad S_{22} = \boldsymbol{\Omega}_{22} \tag{4.47}$$

将式(4.47)代入控制律式(4.41), 可得

$$u = - KCx + (S_{21} - FCS_{11})x_m + (S_{22} - KCS_{12})u_m \tag{4.48}$$
$$= - KCx + (\Omega_{22} - KC\Omega_{12})u_m$$

定义带有前向增益矩阵的输出反馈控制律形式为

$$u = - Ky + K_{ff}u_m \tag{4.49}$$

式中, K 为输出反馈增益矩阵; K_{ff} 为前向增益矩阵。

由式(4.48)和式(4.49)可得

$$K_{ff} = \Omega_{22} - KC\Omega_{12} \tag{4.50}$$

至此,前向增益矩阵求解完毕。采用前向增益矩阵算法的控制方框图如图 4.5 所示。

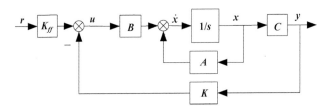

图 4.5　前馈+反馈组合控制方框图

4.4.2　带积分器指令跟踪控制器

在控制系统中引入误差积分是消除阶跃指令跟踪误差的另一种有效手段。其控制方框图如图 4.6 所示。

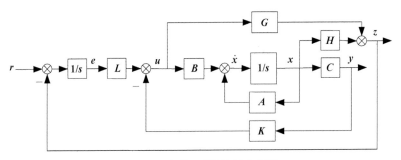

图 4.6　积分+反馈控制方框图

图 4.6 中,矩阵 H 描述了系统所要跟踪的输出。该控制方案的基本原理为: 首先,将系统输出 z 与指令 r 相比较得到跟踪误差;然后,将跟踪误差进行积分并乘以控制矩阵 L;最后,将该控制量与输出反馈控制相加得到系统总的控制输出。该

控制方法可保证系统对指令的稳态跟踪误差为零。

由图 4.6 和以上分析可很容易地得到

$$\boldsymbol{u} = -\boldsymbol{K}\boldsymbol{y} + \boldsymbol{L}\int e\mathrm{d}t \tag{4.51}$$

该控制策略内环采用输出反馈,外环采用积分控制,与经典控制中的比例积分控制类似,但由于内环和外环控制矩阵增益均可由特征结构配置得到,因此具有较好的动态性能和指令跟踪能力。

为了计算增益矩阵 $\boldsymbol{K}$ 和 $\boldsymbol{L}$,定义误差变量 e 为

$$\boldsymbol{e} = \int (\boldsymbol{r} - \boldsymbol{y}_c)\,\mathrm{d}t \tag{4.52}$$

则有

$$\dot{\boldsymbol{e}} = \boldsymbol{r} - \boldsymbol{y}_c \tag{4.53}$$

将误差变量与系统状态变量相结合,可得扩展后的系统状态方程:

$$\dot{\tilde{\boldsymbol{x}}} = \begin{bmatrix} \dot{\boldsymbol{x}} \\ \dot{\boldsymbol{e}} \end{bmatrix} = \begin{bmatrix} \boldsymbol{A} & 0 \\ -\boldsymbol{H} & 0 \end{bmatrix} \begin{bmatrix} \boldsymbol{x} \\ \boldsymbol{e} \end{bmatrix} + \begin{bmatrix} \boldsymbol{B} \\ 0 \end{bmatrix} \boldsymbol{u} + \begin{bmatrix} 0 \\ \boldsymbol{I} \end{bmatrix} \boldsymbol{r} \tag{4.54}$$

$$\tilde{\boldsymbol{y}} = \begin{bmatrix} \boldsymbol{y} \\ \boldsymbol{e} \end{bmatrix} = \begin{bmatrix} \boldsymbol{C} & 0 \\ 0 & \boldsymbol{I} \end{bmatrix} \begin{bmatrix} \boldsymbol{x} \\ \boldsymbol{e} \end{bmatrix} \tag{4.55}$$

因此,扩展后的系统相关矩阵为

$$\tilde{\boldsymbol{A}} = \begin{bmatrix} \boldsymbol{A} & 0 \\ -\boldsymbol{H} & 0 \end{bmatrix};\ \tilde{\boldsymbol{B}} = \begin{bmatrix} \boldsymbol{B} \\ 0 \end{bmatrix};\ \tilde{\boldsymbol{C}} = \begin{bmatrix} \boldsymbol{C} & 0 \\ 0 & \boldsymbol{I} \end{bmatrix} \tag{4.56}$$

对于这个扩展系统,采用输出反馈控制:

$$\boldsymbol{u} = -\tilde{\boldsymbol{K}}\tilde{\boldsymbol{y}} = \begin{bmatrix} \boldsymbol{K} & \boldsymbol{L} \end{bmatrix} \begin{bmatrix} \boldsymbol{y} \\ \boldsymbol{e} \end{bmatrix} \tag{4.57}$$

从而,闭环扩展系统为

$$\dot{\tilde{\boldsymbol{x}}} = (\tilde{\boldsymbol{A}} - \tilde{\boldsymbol{B}}\tilde{\boldsymbol{K}}\tilde{\boldsymbol{C}})\tilde{\boldsymbol{x}} + \begin{bmatrix} 0 \\ \boldsymbol{I} \end{bmatrix} \boldsymbol{r} \tag{4.58}$$

在上述设计过程中,扩展系统的输入反馈增益矩阵采用特征结构配置算法得到,然后将其分块可得到相应的内环输出反馈增益矩阵与外环积分控制增益矩阵。由于该控制结构中,所有的控制矩阵均是基于特征结构配置算法得到的,因此可保证系统的稳定性和对指令精确的跟踪能力。

4.4.3 前馈与积分复合指令跟踪控制器

前面两种指令跟踪控制方案均可实现对输入指令的准确跟踪,且具有较好的动态性能。前馈控制方案的响应更快,但其控制本质是对输入指令进行整形,以实现稳态误差为零的目标,其缺点是不易对跟踪误差进行分析和控制,且其物理概念不清晰。积分控制器的控制本质是将跟踪误差进行积分并反馈给系统,该控制方案的优点是采用 EA 算法得到误差积分反馈增益矩阵和输出反馈增益矩阵,具有较好的解耦性能,且易于分析和控制跟踪误差的动态响应,物理概念也比较清晰,其缺点是响应速度相对较慢,频带低。

如果将这两种控制方案相结合,即可得到一种前馈+积分+反馈的复合控制方案,该方案兼顾了两种控制方案的优点。易得其控制输入为

$$\boldsymbol{u} = \boldsymbol{K}_{ff}\boldsymbol{r} - \boldsymbol{K}\boldsymbol{y} + \boldsymbol{L}\int\boldsymbol{e}\mathrm{d}t \qquad (4.59)$$

其原理图如图 4.7 所示。

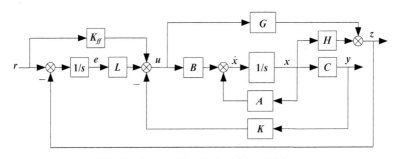

图 4.7　前馈+积分+反馈复合控制方框图

4.5　变稳控制方案

根据变稳控制方法的特点,变稳控制技术的关键在于选择模拟对象的模型及其参数。根据不同的变稳方法,设计相应的前馈和反馈控制参数,使本机的响应特性能够逼近被模拟的飞机。

模拟对象的模型可以根据飞行条件来确定。如果本机与模拟对象的构型、质量和转动惯量等特性以及飞行包线相当,则可以在给定的高度和速度下对模拟对象进行配平线性化后得到模拟对象的数学模型。如果模拟对象是带电传飞行控制系统的飞机,其直接线性化模型将是一个高阶系统,需要采用低阶等效系统方法得到俯仰短周期模态、快速滚转模态和荷兰滚模态的数学模型。

根据文献[2],变稳控制方法主要有响应反馈法和模型跟随法,其变稳控制律及其优缺点详见第 3 章。

结合响应反馈法和模型跟踪法的思路与特征结构配置方法的特点,在 **B** 矩阵可逆的情况下,直接参考前文的响应反馈法和模型跟随法控制。在 **B** 不可逆的情况下,结合参考模型和特征结构配置方法设计反馈参数、前馈指令跟踪参数和积分指令跟踪参数,从而得到变稳控制律。

通过反馈控制律设计,保证本机具有良好的稳定性和鲁棒性,通过前馈及积分控制保证本机能够较好地跟踪参考模型的动态过程和稳态值。其中反馈系数和前馈积分系数均可用特征结构配置方法进行设计。

综合考虑,可以将上述变稳控制方案总结为如图 4.8 所示的结构形式。

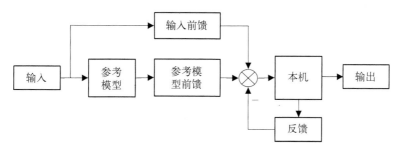

图 4.8　变稳控制律方案结构图

驾驶员指令输入先作用到参考模型,然后参考模型的输出和参考模型的状态前馈作用到增稳后的本机,并作为本机的跟踪指令。输入前馈的目的是补偿稳态误差。反馈的作用是增强本机的稳定性,以提高控制律的鲁棒性。

4.6　改进的模型跟踪控制

模型跟踪控制是人为实现一种动态模型,不断同该模型比较过程的特性,并用一种控制器使模型和过程之间的偏差最小。当然,这种比较不仅限于输出变量,而且还包括所有的状态变量。人们把这种方法称为"显式模型"跟踪控制[33]。

图 4.9 是最早的模型跟踪方法,它涉及由模型 G_m 和逆过程特性 G^{-1} 组成的线性控制。按照图 4.9,总的传递函数为

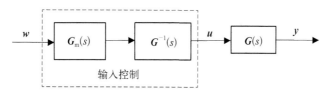

图 4.9　采用逆过程特性的模型跟踪

$$y(s) = G(s)G^{-1}(s)G_{\mathrm{m}}(s)w(s) = G_{\mathrm{m}}(s)w(s) \tag{4.60}$$

这种很简单的表达式有两个重大的缺点：

（1）原则上，过程的逆传递函数是根本不可能实现的；

（2）不能补偿扰动及过程参数的不确定性。

因此，需要寻找一种现实的方法。

过程特性的具体预调极少超过一阶或二阶。因为对过程的了解有限，而且必须限制实时联机模型的计算机方面的消耗，所以，大多选择模型的阶次低于与真实过程相当的模型的阶次。例如，人们给飞机的俯仰运动选择二阶模型。若模型作了这样的简化，原则上，过程不能再准确跟踪模型，必须注意下面还要进一步讨论的可以实现的条件。

下面将介绍模型跟踪控制的基本原理，但仅限于讨论使线性系统和模型相似。此时，作为模型时间函数的主要是阶跃响应，因为它完整地描述了一种线性系统。

4.6.1　模型跟踪条件

多变量过程能跟踪模型的第一个条件是：每一个自由度至少有一个独立的调节变量[拉格朗日（Lagrange）条件]。过程的方程和模型的方程如下：

$$\dot{x}(t) = Ax(t) + Bu(t); \ x(t_0) = x_0 \tag{4.61}$$

$$\dot{x}_{\mathrm{m}}(t) = A_{\mathrm{m}}x_{\mathrm{m}}(t) + B_{\mathrm{m}}u_{\mathrm{m}}(t); \ x_{\mathrm{m}}(t_0) = x_{\mathrm{m}0} = x_0 \tag{4.62}$$

若满足拉格朗日条件，则可按下列想法找到控制律。如果过程状态和模型状态一致，那么，状态变化也一样，这样，过程就准确地跟踪模型了。由此可得模型跟踪的条件为

$$x_{\mathrm{m}}(t) = x(t) \ \text{和} \ \dot{x}_{\mathrm{m}}(t) = \dot{x}(t) \tag{4.63}$$

把 x_{m} 和 $\dot{x}_{\mathrm{m}}$ 代入动态方程，得

$$\dot{x}_{\mathrm{m}}(t) = Ax_{\mathrm{m}}(t) + Bu(t) \tag{4.64}$$

如果控制矩阵 B 可逆的话，就得到相应的控制律为

$$u(t) = B^{-1}[\dot{x}_{\mathrm{m}}(t) - Ax_{\mathrm{m}}(t)] \tag{4.65}$$

然而，一般可供使用的控制变量的数目比状态变量数目少，所以，只能在最小二次意义上近似求解，即用 B 的广义逆来代替 B 矩阵的逆。

按照式（4.65）的控制系统，其结构如图 4.10 所示，与图 4.9 一样，该图涉及的是线性控制，包含逆控制矩阵 B^{-1} 和过程特性的逆稳态传递矩阵 $B^{-1}A$。

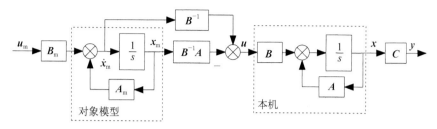

图 4.10　按模型跟踪条件的结构

值得注意的是这个控制律只与过程的参数有关,而与模型无关。因而,当控制律相同时,可以采用不同的模型。当准确地知道过程参数,并且控制矩阵是正则的,当把式(4.65)的控制律代入式(4.61)后,就得到过程的状态为

$$\dot{x} = Ax + BB^{-1}(\dot{x}_m - Ax_m) = \dot{x}_m + A(x - x_m) \tag{4.66}$$

由此又得模型的误差为

$$\dot{e} = \dot{x}_m - \dot{x} = A(x_m - x) = Ae \tag{4.67}$$

该误差不能由 u_m 来控制,其随过程动态特性 A 而衰减。可通过模型误差反馈来补充模型控制,以改变误差的动态特性。在真实的(非线性)系统中,应该使模型和系统的稳态工作点协调一致。

因为模型特性是在计算机上生成的,所以 $\dot{x}_m$ 可作为信号使用,但也可用 u_m 和 x_m 来代替。把模型方程(4.62)代入控制方程(4.65),得

$$u = B^{-1}[(A_m - A)x_m + B_m u_m] \tag{4.68}$$

由此又可看出,所需要的调节能量与模型动态矩阵和过程动态矩阵之间的差别成正比。所以,过程只能接近与其近似的模型特性。除此之外,由于操纵功率总是有限的,也只能接近比基本过程要慢的模型。

由式(4.61)和式(4.62)得到过程和模型的传递矩阵为

$$x = (sI - A)^{-1}Bu \tag{4.69}$$

$$x_m = (sI - A_m)^{-1}B_m u_m \tag{4.70}$$

把式(4.68)和式(4.70)代入式(4.69)得

$$\begin{aligned}
x &= (sI - A)^{-1}[(A_m - A)(sI - A_m)^{-1} + I]B_m u_m \\
&= (sI - A)^{-1}[(A_m - A) + (sI - A_m)](sI - A_m)^{-1}B_m u_m \\
&= (sI - A_m)^{-1}B_m u_m
\end{aligned} \tag{4.71}$$

这个结果表明,按图 4.10 的这种控制提供了一种准确的模型跟踪。可以得到结论:输入控制律隐含地等于与图 4.9 对应的过程特性的逆。当操纵矩阵为正则

矩阵时,在稳态情况下 $(s = 0)$, 式(4.61)的解("逆")为

$$u = \lim_{s \to 0} B^{-1}(sI - A)x = -B^{-1}Ax \tag{4.72}$$

这与式(4.65)中 x_m 的输入控制是一致的。显然,通过 $\dot{x}_m$ 的附加输入控制,回避了完全过程动态逆问题。所以,当这种表达式转变到非线性情况时,其优点是保留接通 $\dot{x}_m$,不需要用式(4.68)来代替。

为了把模型跟踪原理转变到非线性情况,可对图4.10作如下说明。首先,在模型中为总的过程状态生成一个规定的轨迹:由此通过稳态过程的逆传递函数 $(B^{-1}A)$ 对过程进行输入控制;为了实现"动态模型跟踪",附加接通模型状态的导数,但二者都受到控制矩阵 B 是奇异矩阵的限制。

4.6.2　反馈的扩展

为了提高系统的抗干扰能力,"把所有可供使用的信息都反馈给全部调节变量",必须把只通过滤波器包含过程控制的这种模型跟踪概念,通过过程状态 x 的反馈加以扩展。只有这样,才能补偿参数的不确定性,减少干扰的影响。所以,可以把控制律扩展如下:

$$u = Hw + Mx_m + Kx \tag{4.73}$$

如图4.11所示,这里的引导变量 w 相当于模型输入 u_m。

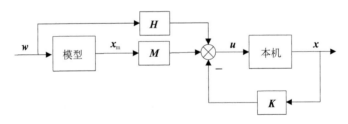

图 4.11　串联模型结构

经过简单的展开,可以把这个表达式进行变换,用以说明模型误差 $e = x_m - x$ 如何显式地作为反馈量出现,变换如下:

$$
\begin{aligned}
u &= Hw + Mx_m - (K + M - M)x \\
&= Hw + Me - (K - M)x \\
&= Hw + Me - K_M x
\end{aligned} \tag{4.74}
$$

这种变换就引出如图4.12所示的结构。在这里,模型与对象平行安装。这样,具有串联模型和并联模型的模型跟踪就可以彼此转换,在所采用的假设下是等

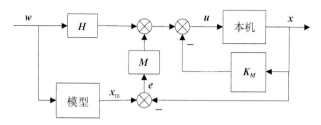

图4.12　并联模型结构

价的。在这两种情况下，K 是唯一的反馈矩阵，它可用以稳定对象、降低扰动。

把式(4.73)代入过程方程(4.61)，再加入干扰项 Ez 后，得

$$\dot{x} = Ax + B(Hw + Mx_m - Kx) + Ez \tag{4.75}$$

用模型方程(4.62)减去这个方程，则得模型误差方程为

$$
\begin{aligned}
\dot{e} = \dot{x}_m - \dot{x} &= A_m x_m + B_m w - (Ax + Bu) - Ez = \\
&\quad A_m x_m - [A - B(K - M)]x - BMe + (B_m - BH)w - Ez
\end{aligned} \tag{4.76}
$$

用 $A_m x$ 展开，并由 $K - M = K_M$，得

$$\dot{e} = (A_m - BM)e + (A_m - A + BK_M)x + (B_m - BH)w - Ez \tag{4.77}$$

这个方程表明：

（1）可以通过 M 预置与模型动态特性无关的误差动态特性；

（2）如果

$$B_m - BH = 0 \tag{4.78}$$

$$A_m - A + BK_M = 0 \tag{4.79}$$

那么，就不能再由 x 和 w 来控制模型误差。由此又导出控制矩阵：

$$H = B^{-1}B_m \tag{4.80}$$

$$K_M = K - M = -B^{-1}(A_m - A) \tag{4.81}$$

或

$$M = B^{-1}(A_m - A) + K \tag{4.82}$$

这样就使模型与被控制的过程一致。当 $K = 0$ 时，这就相当于式(4.68)的控制律。然而，通过 K 和 M 之间的分配，就可以在扰动态特性 K 和模型误差动态特性 M 之间作出折中调整。与式(4.74)不同，它们的和 K_M 与模型动态特性有关。

若模型与被控制过程一致，则 $e = 0$ 并且传递路径 M 是无源的。因而，当没有

参数变化和无干扰时,也可以通过纯粹反馈(隐式模型跟踪)或者纯粹输入控制(图 4.10)来实现模型跟踪。通过输入控制 H 结合模型误差反馈,也可以实现模型跟踪。

在这样合成的结构中,模型和过程彼此互不构成反馈,其好处在于:模型不影响稳定性(因为它本身就是稳定的),尤其是在参数不确定时,这将使设计变得容易。这种控制器结构的另一个重要的优点在于:控制回路的扰动特性和引导(模型)特性互不影响,因而可分开设计。

4.6.3 广义状态矢量反馈的模型跟踪

对控制回路动态特性的要求,大多都表示成二次型性能指标。在评价引导特性时,普遍重视阶跃响应特性,它虽然形式上简单,但从技术上讲没有意义,这是因为[34]:

(1)阶跃函数作为引导信号要求过程产生阶跃型状态变化,但系统都有惯性,其动态过程不可能产生阶跃性突变;

(2)阶跃函数作为引导信号包含的信息极少,因为阶跃函数只包含了所希望的输出变量初始时刻和最终时刻的值。

对于动态过程,人们既希望"尽量快地"改变被控制变量 $y = x_1$,同时又试图通过反馈 $\dot{y} = x_2$ 来抑制状态的快速变化。这虽然是个矛盾的要求,但通过在显式模型中生成一个复杂的控制引导信号是可以实现这样的运动的。

如果用优化阶跃响应的方式来实现这种引导信号,则引导问题是黎卡提问题的不完全扩展。在被控制变量中通过阶跃引导会形成很大的控制偏差,且要求控制量的导数值为无穷大,这是无法实现的。另外,这种方式也不能自由地选择性能指标中要估算的状态矢量,因为不是所有项都趋于零。

如果用模型跟踪控制,则这些问题可通过前置滤波器来解决。前置滤波器为所有状态变量预先生成希望的时间过程 $x(t)$ 作为控制引导信号,并将模型状态 x_m 和过程状态 x 之间的偏差 $e = x_m - x$ 作为广义化的控制误差。

当模型和过程的系统阶次相同时,模型的特性在物理上是可以实现的,接近这个模型,就导出可接受的调节过程。在图 4.13 所示的例子中,分别在模型状态和过程状态之间构成偏差,并反馈这个偏差。这样做的优点是可以显式估计模型误差,控制器直接放在前向通道中。但与图 4.11 相比,这样做的缺点是要失去一个自由度,因为这里 $K = M$,从而 $K_M = 0$。

综上所述,人们不能用这种方式来实现模型跟踪。但是,图 4.13 说明,模型跟踪控制器是广义的状态控制器。如果把模型误差作为状态变量,则在相应的控制器结构下,这些变量都力图趋于零,这样,性能函数就将收敛。

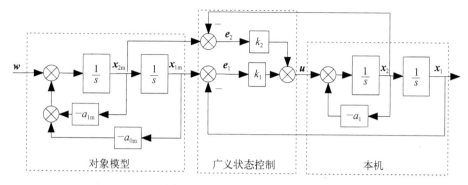

图 4.13　线性模型跟踪控制

由于图 4.13 的示例过程中包含不定积分,在特殊情况下,由于模型的相角变化等缘故,还能实现稳态引导精度,这样,模型和过程准确一致,即

$$e_1 = x_{1m} - x_1 = 0; \quad e_2 = x_{2m} - x_2 = 0 \tag{4.83}$$

从而性能函数也可为零,即

$$I = \int_0^\infty (e_1^2 + e_2^2)\,\mathrm{d}t = 0 \tag{4.84}$$

在该表达式中,控制器结构的适配占重要地位,所以,它不仅限于线性系统,也可直接转变到非线性系统。

4.6.4　参数变化的影响

如果把式(4.75)和式(4.77)综合在一起,则过程状态和模型误差的方程组为

$$\begin{bmatrix} \dot{x} \\ \dot{e} \end{bmatrix} = \begin{bmatrix} A - BK_M & BM \\ A_m - A + BK_M & A_m - BM \end{bmatrix} \begin{bmatrix} x \\ e \end{bmatrix} + \begin{bmatrix} BH & E \\ B_m - BH & E \end{bmatrix} \begin{bmatrix} w \\ z \end{bmatrix} \tag{4.85}$$

通过由式(4.80)和式(4.81)条件规定的矩阵 H、M 和 K,上述方程组又变换为

$$\begin{bmatrix} \dot{x} \\ \dot{e} \end{bmatrix} = \begin{bmatrix} A_m & BM \\ 0 & A - BM \end{bmatrix} \begin{bmatrix} x \\ e \end{bmatrix} + \begin{bmatrix} BH & E \\ 0 & E \end{bmatrix} \begin{bmatrix} w \\ z \end{bmatrix} \tag{4.86}$$

式中,

$$A_m = A - B(K - M) = A - BK_M \tag{4.87}$$

图 4.14 将它表示成信号流图,该图描述了上面已讨论过的结论,即 $K_M = K - M$ 确定了模型动态特性(引导特性),K 确定了误差动态特性(扰动特性),引导特性和扰动特性只单向耦合。

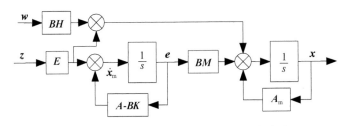

图 4.14　有扰动时模型跟踪的误差动态特性

为了能估计参数变化的影响,把过程矩阵写成:

$$A = A_0 + \Delta A \text{ 和 } B = B_0 + \Delta B \tag{4.88}$$

设标称状态下的控制器式(4.80)和式(4.81)如下:

$$B_m - B_0 H = 0 \text{ 和 } A_0 - B_0 K_M = A_m \tag{4.89}$$

将式(4.88)和式(4.89)代入式(4.85)中,得

$$
\begin{bmatrix} \dot{x} \\ \dot{e} \end{bmatrix} = \begin{bmatrix} A_m + \Delta A - \Delta B K_M & (B_0 + \Delta B)M \\ -\Delta A + \Delta B K_M & A_0 - B_0 K - \Delta B M \end{bmatrix} \begin{bmatrix} x \\ e \end{bmatrix} + \begin{bmatrix} (B_0 + \Delta B)H & E \\ -\Delta B H & E \end{bmatrix} \begin{bmatrix} w \\ z \end{bmatrix}
$$

$$\tag{4.90}$$

与式(4.85)相比,可以看出,ΔB 改变了模型和误差的动态特性,而 ΔA 和 ΔB 改变了二者之间的耦合。此时,模型跟踪控制系统的特征方程为

$$
\begin{vmatrix} sI - A_m - \Delta A + \Delta B K_M & -(B_0 + \Delta B)M \\ \Delta A - \Delta B K_M & sI - A_0 + B_0 K + \Delta B M \end{vmatrix} = 0 \tag{4.91}
$$

通过行列加法化简该行列式,可得

$$| sI - A_m || sI - A_0 - \Delta A + (B_0 + \Delta B)K | = 0 \tag{4.92}$$

这个方程说明,模型动态特性以及由参数变化所引起的扰动特性已不耦合,此时,后者可通过 K 分开来设计。这样,反馈 K 同样可用来降低干扰和参数变化的影响。通过选择合适的 K,可使扰动动态特性的极点向左移动,使模型极点仍然对总的特性起主导作用,甚至在大的参数变化 ΔA 下也占主导地位。与此相反,控制矩阵的变化 ΔB 不能通过反馈加以补偿,它的影响甚至随 K 而增大,只有通过控制适配才能予以补救。

4.6.5　控制矩阵奇异时子过程的模型跟踪

前面给出的控制器矩阵与 $\boldsymbol{B}^{-1}$ 成正比,如果这个逆矩阵不存在,则只能用广义逆矩阵 $\boldsymbol{B}^{+}$ 来代替它。但是,作为替代,也可将模型跟踪限于一种子过程,它的阶次等于 $\boldsymbol{B}$ 的秩 q (即独立的调节变量的数目)。从 n 个状态变量中可以选出要准确跟踪的模型的(例如,每个自由度选择 1 个) q 个变量(子矢量 $\boldsymbol{x}_2$),而其余的状态变量(子矢量 $\boldsymbol{x}_1$) 都与其有关,如图 4.15 所示。

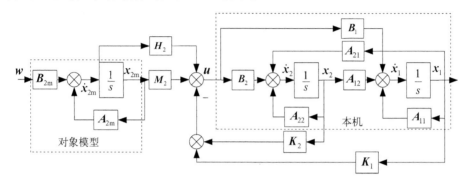

图 4.15　子系统的模型跟踪结构

分解过程方程,使 $\boldsymbol{B}_2$ 成为一个非奇异的 $q \times q$ 阶矩阵:

$$\begin{bmatrix} \dot{\boldsymbol{x}}_1 \\ \dot{\boldsymbol{x}}_2 \end{bmatrix} = \begin{bmatrix} \boldsymbol{A}_{11} & \boldsymbol{A}_{12} \\ \boldsymbol{A}_{21} & \boldsymbol{A}_{22} \end{bmatrix} \begin{bmatrix} \boldsymbol{x}_1 \\ \boldsymbol{x}_2 \end{bmatrix} + \begin{bmatrix} \boldsymbol{B}_1 \\ \boldsymbol{B}_2 \end{bmatrix} \boldsymbol{u} \tag{4.93}$$

这样,模型中只含有子过程 $\boldsymbol{x}_{2m}$,而在反馈控制律中考虑了两个状态子矢量,如下所示:

$$\boldsymbol{u} = \boldsymbol{H}_2 \dot{\boldsymbol{x}}_{2m} + \boldsymbol{M}_2 \boldsymbol{x}_{2m} - \boldsymbol{K}_1 \boldsymbol{x}_1 - \boldsymbol{K}_2 \boldsymbol{x}_2 \tag{4.94}$$

由图 4.15 所示的总系统,可以看出 $\boldsymbol{x}_2$ 的状态方程为

$$\dot{\boldsymbol{x}}_2 = (\boldsymbol{A}_{21} - \boldsymbol{B}_2 \boldsymbol{K}_1)\boldsymbol{x}_1 + (\boldsymbol{A}_{22} - \boldsymbol{B}_2 \boldsymbol{K}_2)\boldsymbol{x}_2 + \boldsymbol{B}_2 \boldsymbol{H}_2 \dot{\boldsymbol{x}}_{2m} + \boldsymbol{B}_2 \boldsymbol{M}_2 \boldsymbol{x}_{2m} \tag{4.95}$$

因而,模型跟踪的条件为

$$\dot{\boldsymbol{x}}_2 - (\boldsymbol{A}_{22} - \boldsymbol{B}_2 \boldsymbol{K}_2)\boldsymbol{x}_2 = \dot{\boldsymbol{x}}_{2m} - (\boldsymbol{A}_{22} - \boldsymbol{B}_2 \boldsymbol{K}_2)\boldsymbol{x}_{2m} \tag{4.96}$$

为了满足这个条件,必须使得

$$\boldsymbol{B}_2 \boldsymbol{H}_2 = \boldsymbol{I}; \ \boldsymbol{A}_{21} - \boldsymbol{B}_2 \boldsymbol{K}_1 = 0$$
$$\boldsymbol{B}_2 \boldsymbol{M}_2 = -(\boldsymbol{A}_{22} - \boldsymbol{B}_2 \boldsymbol{K}_2) \tag{4.97}$$

由此得

$$H_2 = B_2^{-1}; \quad M_2 = -B_2^{-1}A_{22} + K_2; \quad K_1 = B_2^{-1}A_{21} \tag{4.98}$$

K_2 可自由选择。由图 4.15 所示框图,可以看出各个矩阵的功能如下:

(1) 通过 H_2 和 M_2 由模型来控制子过程 x_2;

(2) 用 K_2 可以使扰动影响最小;

(3) K_1 补偿了 x_1 到 x_2 的内反馈作用,这样,由 x_2 不再能控制 x_1。

通过控制器矩阵,实现了子过程 x_2 的模型跟踪,且与 x_1 无关。但是,与此相反,子过程 x_1 完全取决于 x_2,通过控制不能随意影响它。这是这种处理方式的最大缺点。

由于受到各种各样的限制,不可能实现准确的模型跟踪。特别是在起始特性中,由于调节变量限制的缘故,必然会出现误差,但可以通过动态前置滤波器予以降低,这样就避免了阶跃型引导指令进入模型跟踪系统中。另外,限制输入幅值也可以起到一定效果。

为了准定常地实现良好的模型跟踪(引导精度),最好是显式计算模型跟踪误差 $e = y_m - y$,并接通它的积分。这样误差对总系统的影响就很小,并恰好可以达到所需要的引导精度。由此得到的模型跟踪控制系统如图 4.16 所示。

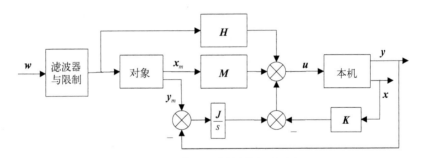

图 4.16　模型跟踪控制原理框图

反馈矩阵 K 和误差积分常数 J 可以采用特征结构配置方法设计(属于带积分器的指令跟踪控制)。输入前馈矩阵 H 和参考模型状态前馈矩阵 M 计算如下:

$$H = B^+ B_m \tag{4.99}$$

$$M = B^+ (A_m - A) + K \tag{4.100}$$

4.7　线性模型跟踪控制示例

4.7.1　纵向跟踪控制模型

对于纵向模型跟踪,主要讨论迎角跟踪、俯仰角速度跟踪和过载跟踪三种情况。参考模型都可以取二阶短周期模型。对于迎角跟踪、俯仰角速度跟踪情况,其动力学特性主要取决于系统矩阵 $\boldsymbol{A}$ 和输入矩阵 $\boldsymbol{B}$。如果 $\boldsymbol{A}$ 和 $\boldsymbol{B}$ 发生变化,其特性也将发生变化。因此,在讨论鲁棒性时,主要考虑 $\boldsymbol{A}$ 和 $\boldsymbol{B}$ 矩阵的摄动。根据飞机短周期的运动方程,可得

$$\begin{bmatrix} \dot{\alpha} \\ \dot{q} \end{bmatrix} = \begin{bmatrix} -Z_\alpha & Z_q \\ M_\alpha & M_q \end{bmatrix} \begin{bmatrix} \alpha \\ q \end{bmatrix} + \begin{bmatrix} Z_{\delta_e} \\ M_{\delta_e} \end{bmatrix} \delta_e \qquad (4.101)$$

在讨论鲁棒性时,假设模型参数可以在标称值附近较大范围内变化。同时,假设升降舵舵机的无阻尼自然振荡频率和阻尼比也可以在较大范围内变化。具体如表 4.1 所示。

表 4.1　本机纵向参数标称值及摄动范围

参　　数	标称值及摄动范围	参　　数	标称值及摄动范围
Z_α	1.056, ±30%	M_α	0.8255, ±30%
Z_q	0.905, ±10%	M_q	−1.077, ±50%
Z_{δ_e}	0.01, ±10%	M_{δ_e}	−10.1736, ±30%
ζ	0.7, ±10%	ω_n	30, [20~60]

1. 迎角跟踪控制

假设某飞机的短周期模型为

$$\begin{cases} \begin{bmatrix} \dot{\alpha} \\ \dot{q} \end{bmatrix} = \begin{bmatrix} -1.056 & 0.905 \\ 0.8255 & -1.077 \end{bmatrix} \begin{bmatrix} \alpha \\ q \end{bmatrix} + \begin{bmatrix} 0.01 \\ -10.1736 \end{bmatrix} \delta_e \\ y = \begin{bmatrix} 1 & 0 \end{bmatrix} \begin{bmatrix} \alpha \\ q \end{bmatrix} \end{cases} \qquad (4.102)$$

迎角跟踪的参考模型为

$$\begin{cases} \begin{bmatrix} \dot{\alpha}_m \\ \dot{q}_m \end{bmatrix} = \begin{bmatrix} -1.056 & 0.905 \\ -5.5761 & -3.744 \end{bmatrix} \begin{bmatrix} \alpha_m \\ q_m \end{bmatrix} + \begin{bmatrix} 0 \\ 9.9448 \end{bmatrix} \alpha_c \\ y_m = \begin{bmatrix} 1 & 0 \end{bmatrix} \begin{bmatrix} \alpha_m \\ q_m \end{bmatrix} \end{cases} \qquad (4.103)$$

即

$$\boldsymbol{A} = \begin{bmatrix} -1.056 & 0.905 \\ 0.8255 & -1.077 \end{bmatrix}; \ \boldsymbol{B} = \begin{bmatrix} 0.01 \\ -10.1736 \end{bmatrix}; \ \boldsymbol{C} = \begin{bmatrix} 1 & 0 \end{bmatrix}; \ \boldsymbol{D} = 0 \qquad (4.104)$$

$$\boldsymbol{A}_{m} = \begin{bmatrix} -1.056 & 0.905 \\ -5.576 1 & -3.744 \end{bmatrix}; \boldsymbol{B}_{m} = \begin{bmatrix} 0 \\ 9.944 8 \end{bmatrix}; \boldsymbol{C}_{m} = \begin{bmatrix} 1 & 0 \end{bmatrix}; \boldsymbol{D}_{m} = 0$$

$$(4.105)$$

参考模型特性如表 4.2 所示。

表 4.2　模型特征根、阻尼比及频率(纵向迎角跟踪控制,较高频)

特　征　根	阻　尼　比	频　率/(rad/s)
-2.40+1.80i	0.8	3
-2.40-1.80i	0.8	3

本机的特征根为 -0.202 和 -1.93,本机频率特性低于模拟对象频率。设闭环系统的期望特征值分别为 -1.6+1.2i、-1.6-1.2i、-1.6,即短周期模态的无阻尼自然振荡频率为 2,阻尼比为 0.8,积分模态特征根为 -1.6,通过特征结构配置可得 $\boldsymbol{K} = \begin{bmatrix} -0.643 3 & -0.262 8 \end{bmatrix}$, $J = -0.695 9$。相应地可得到 $\boldsymbol{M} = \begin{bmatrix} -0.014 0 & -0.000 6 \end{bmatrix}$, $H = -0.977 5$。Simulink 仿真框图如图 4.17 所示。

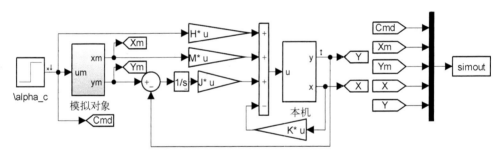

图 4.17　迎角跟踪框图

标称情况下,迎角指令到模拟对象及变稳机迎角和俯仰角速度的传递函数如下:

$$\frac{\alpha_{m}(s)}{\alpha_{c}(s)} = \frac{9}{s^2 + 4.8s + 9}$$

$$\frac{\alpha(s)}{\alpha_{c}(s)} = \frac{-0.009 775 1(s - 919.633 8)(s^2 + 3.207 6s + 4.007 7)(s + 1.598 8)}{(s^2 + 4.800 0s + 9.000 0)(s^2 + 3.200 0s + 4.000 0)(s + 1.600 0)}$$

$$\approx \frac{-0.009 775 1(s - 919.633 8)}{s^2 + 4.8s + 9}$$

可见,在反馈增稳的作用下,构造了期望的本机极点;在前馈控制律的作用下,构造了相应的零点,可以和本机极点近似对消,对消完后的变稳机近似传递函数与模拟对象传递函数分母相同,稳态增益相同,但在右半平面有一个远离虚轴的零点,其左半平面的零极点分布如图 4.18 所示。

伯德图如图 4.19 所示。

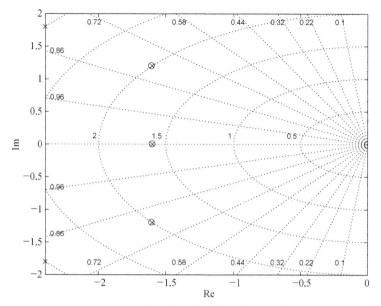

图 4.18　迎角跟踪闭环零极点分布图

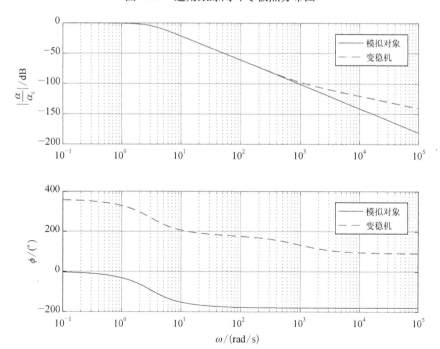

图 4.19　迎角跟踪闭环伯德图

可以看出,在飞行员所关注的频率范围内($\omega \leqslant 10\,\mathrm{rad/s}$),变稳机与模拟对象迎角对指令迎角的伯德图增益完全相同,在 $\omega > 300\,\mathrm{rad/s}$ 以上才存在较大差异。相角在 $\omega \leqslant 10\,\mathrm{rad/s}$ 范围内相差360度(等同于无差别),在 $\omega > 20\,\mathrm{rad/s}$ 后相角存在一定差异。

同理可得迎角指令到模拟对象和变稳机俯仰角速度的传递函数如下:

$$\frac{q_{\mathrm{m}}(s)}{\alpha_{\mathrm{c}}(s)} = \frac{9.944\,8(s + 1.056\,0)}{s^2 + 4.8s + 9}$$

$$\frac{q(s)}{\alpha_{\mathrm{c}}(s)} = \frac{9.944\,8(s^2 + 3.207\,6s + 4.007\,7)(s + 1.598\,8)(s + 1.055\,2)}{(s^2 + 4.800\,0s + 9.000\,0)(s^2 + 3.200\,0s + 4.000\,0)(s + 1.600\,0)}$$

$$\approx \frac{9.944\,8(s + 1.055\,2)}{s^2 + 4.8s + 9}$$

可以看出,迎角指令到模拟对象和变稳机俯仰角速度的传递函数几乎相同,因此可以认为在飞行员所关注的频率范围内,变稳机与模拟对象的动态特性是相同的,变稳机可以很好地跟踪模拟对象的短周期响应,因此该变稳控制律是可行的。

变稳机和模拟对象对单位阶跃迎角指令的响应如图4.20所示。

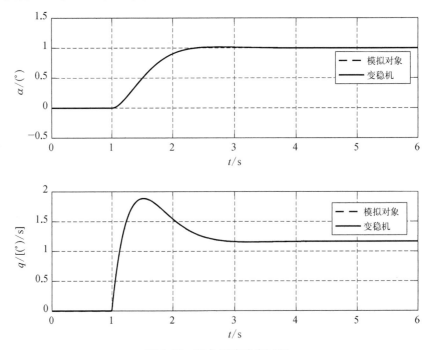

图4.20　迎角跟踪响应过程

可以看出,在标称情况下,变稳机与模拟对象对阶跃迎角指令的响应是一致的。

为了验证控制律的鲁棒性,假设基于标称模型设计的控制律参数不变,本机参数可以在一定范围内摄动,采用蒙特卡罗随机选取 50 个样本变稳机模型,其零极点分布如图 4.21 所示(忽略了远离虚轴的正零点)。

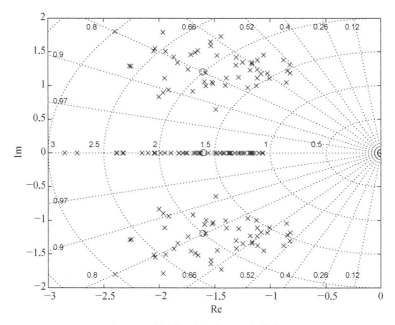

图 4.21　模型摄动时的零极点分布图

从本机参数存在摄动时的变稳机零极点分布可以看出,即使在非标称情况下,变稳控制律依然能够较好地保持变稳机的稳定性和模态特性,变稳机的极点均处于复平面的左半平面内,且能保持较大阻尼比,最小频率大于 1。相应的伯德图如图 4.22 所示。

变稳机对阶跃迎角指令的仿真结果如图 4.23 所示。

其中粗实线表示标称模型的响应过程,虚线表示本机参数摄动后的响应过程。可见,在本机参数存在较大不确定性的情况下,依然能够对输入指令进行较好跟踪,稳态误差为零。

可以看出,采用本章模型跟踪方法可以克服第 3 章中 **B** 不可逆时跟踪存在稳态误差的缺陷,同时,在模拟对象频率高于本机频率时也可更好地实现跟踪控制。示例中模拟对象频率就高于本机频率。

如果将模拟对象频率特性调低(如参考模型的频率为 1,阻尼比为 0.8),本机及期望的本机特征根保持不变,即

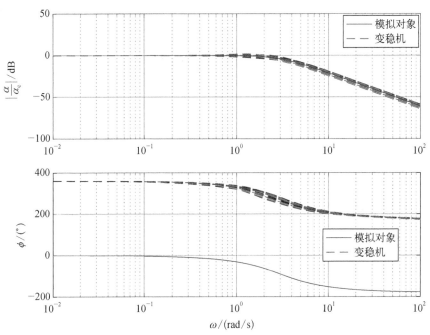

图 4.22　模型摄动时的闭环伯德图

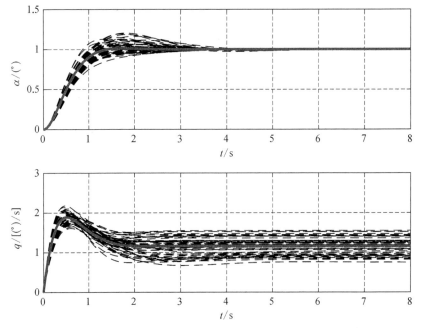

图 4.23　模型存在摄动时的迎角跟踪阶跃响应

$$A_{\mathrm{m}} = \begin{bmatrix} -1.056 & 0.905 \\ -0.4702 & -0.544 \end{bmatrix}; \ B_{\mathrm{m}} = \begin{bmatrix} 0 \\ 1.105 \end{bmatrix}; \ C_{\mathrm{m}} = \begin{bmatrix} 1 & 0 \end{bmatrix}; \ D_{\mathrm{m}} = 0$$

$$(4.106)$$

模拟对象频率及阻尼比如表 4.3 所示。

表 4.3　模型特征根、阻尼比及频率(纵向迎角跟踪控制,较低频)

特 征 根	阻 尼 比	频率/(rad/s)
-0.80+0.60i	0.8	1
-0.80-0.60i	0.8	1

通过特征结构配置可得 $K = \begin{bmatrix} -0.6433 & -0.2628 \end{bmatrix}$, $J = -0.6959$。相应地可得到 $M = \begin{bmatrix} -0.5159 & -0.3152 \end{bmatrix}$, $H = -0.1086$。可见,由于本机标称参数及期望的特征根没有变化,所以反馈及积分参数均没有变化。由于参考模拟对象发生了变化,所以前馈系数也发生了变化。变稳机的迎角指令到迎角传递函数的零极点分布如图 4.24 所示(忽略了右半平面远离虚轴的正零点)。

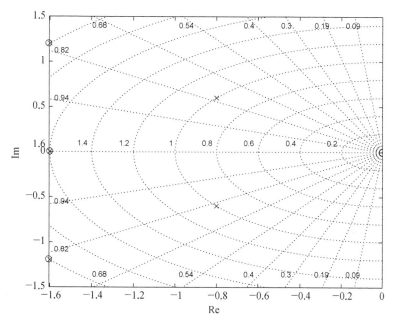

图 4.24　模拟对象动态特性慢于本机时的零极点分布图

模拟对象及变稳机迎角指令到迎角的传递函数如下:

$$\frac{\alpha_{\mathrm{m}}(s)}{\alpha_{\mathrm{c}}(s)} = \frac{1}{s^2 + 1.6s + 1}$$

$$\frac{\alpha(s)}{\alpha_c(s)} = \frac{-0.001\,086\,1(s - 919.633\,8)(s^2 + 3.207\,6s + 4.007\,7)(s + 1.598\,8)}{(s^2 + 3.200\,0s + 4.000\,0)(s + 1.600\,0)(s^2 + 1.600\,0s + 1.000\,0)}$$

$$\approx \frac{-0.001\,086\,1(s - 919.633\,8)}{s^2 + 1.6s + 1}$$

可见,在前馈的作用下,构造了相应的零点,近似将增稳后的本机极点进行了对消,最后只剩下模拟对象的极点。在前馈的作用下,还构造了一个右半平面内远离虚轴的正零点,不过稳态值依然是 1。因此,在飞行员关注的频率范围内,变稳机的动态特性与模拟对象应该是一致的。从图 4.25 所示的伯德图也验证了这一结论。从伯德图的比较可以看出,在 $\omega < 20$ rad/s 范围内,变稳机与模拟对象的伯德图几乎重合,因此其动态响应过程是一致的,变稳机可以很好地跟踪模拟对象。

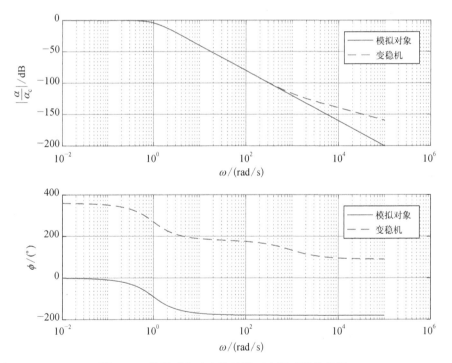

图 4.25　模拟对象动态特性慢于本机时的伯德图

模拟对象与变稳机在阶跃迎角指令输入时的响应如图 4.26 所示,可以看出,二者的阶跃响应是重合的。

考虑本机参数摄动后的零极点(图中忽略了右半平面的零点)分布如图 4.27 所示,可以看出,在变稳控制律的作用下,变稳机总体频率都高于模拟对象的频率,阻尼比尚在可接受范围,依然可以满足一级飞行品质要求。

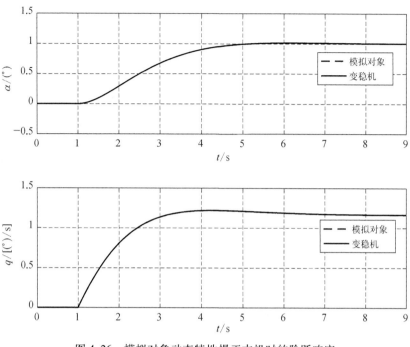

图 4.26　模拟对象动态特性慢于本机时的阶跃响应

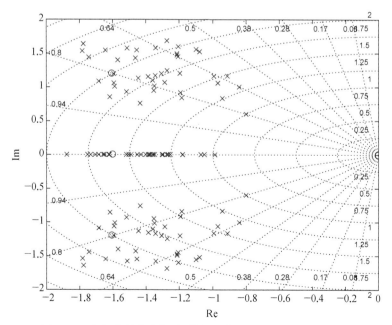

图 4.27　本机参数存在摄动、模拟对象动态特性慢于本机时的
零极点分布图

本机参数存在摄动时的伯德图如图 4.28 所示,在飞行员关注的频率范围内,变稳机的伯德图与模拟对象的伯德图仍然吻合较好,这说明变稳控制律具有很好的鲁棒性。

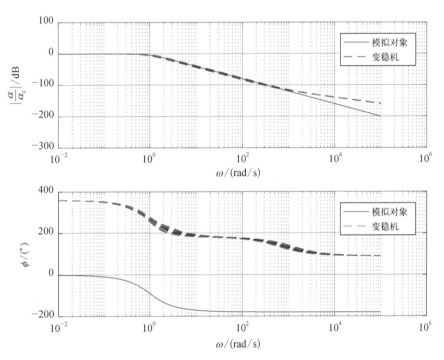

图 4.28　本机参数存在摄动、模拟对象动态特性慢于本机时的伯德图

变稳机在阶跃迎角指令下的响应如图 4.29 所示,其中实线为模拟对象的响应,虚线为非标称参数下的响应。可以看出,由于模拟对象的频率相对较低,所以即使在本机参数存在摄动时,在变稳控制律的作用下,变稳机仍然可以很好地实现对模拟对象的跟踪。

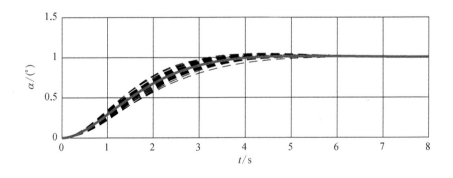

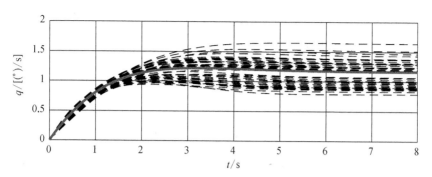

图 4.29　本机参数存在摄动、模拟对象动态特性慢于本机时的阶跃响应

2. 俯仰角速度跟踪控制

假设某飞机的短周期模型为

$$
\begin{cases}
\begin{bmatrix} \dot{\alpha} \\ \dot{q} \end{bmatrix} =
\begin{bmatrix} -1.056 & 0.905 \\ 0.825\,5 & -1.077 \end{bmatrix}
\begin{bmatrix} \alpha \\ q \end{bmatrix} +
\begin{bmatrix} 0.01 \\ -10.173\,6 \end{bmatrix} \delta_e \\[4mm]
y = \begin{bmatrix} 0 & 1 \end{bmatrix} \begin{bmatrix} \alpha \\ q \end{bmatrix}
\end{cases}
\tag{4.107}
$$

俯仰角速率跟踪的参考模型为

$$
\begin{cases}
\begin{bmatrix} \dot{\alpha}_m \\ \dot{q}_m \end{bmatrix} =
\begin{bmatrix} -1.056 & 0.905 \\ -5.576\,1 & -3.744 \end{bmatrix}
\begin{bmatrix} \alpha_m \\ q_m \end{bmatrix} +
\begin{bmatrix} 0 \\ 8.522\,7 \end{bmatrix} q_c \\[4mm]
y_m = \begin{bmatrix} 0 & 1 \end{bmatrix} \begin{bmatrix} \alpha_m \\ q_m \end{bmatrix}
\end{cases}
\tag{4.108}
$$

即

$$
\boldsymbol{A} = \begin{bmatrix} -1.056 & 0.905 \\ 0.825\,5 & -1.077 \end{bmatrix};\;
\boldsymbol{B} = \begin{bmatrix} 0.01 \\ -10.173\,6 \end{bmatrix};\;
\boldsymbol{C} = \begin{bmatrix} 0 & 1 \end{bmatrix};\;
\boldsymbol{D} = 0
\tag{4.109}
$$

$$
\boldsymbol{A}_m = \begin{bmatrix} -1.056 & 0.905 \\ -5.576\,1 & -3.744 \end{bmatrix};\;
\boldsymbol{B}_m = \begin{bmatrix} 0 \\ 8.522\,7 \end{bmatrix};\;
\boldsymbol{C}_m = \begin{bmatrix} 0 & 1 \end{bmatrix};\;
\boldsymbol{D}_m = 0
\tag{4.110}
$$

参考模型特性如表 4.4 所示。

表 4.4　模型特征根、阻尼比及频率(纵向俯仰角速度跟踪控制,较高频)

特　征　根	阻　尼　比	频率/(rad/s)
−2.40+1.80i	0.8	3
−2.40−1.80i	0.8	3

设闭环系统的期望特征值为−1.6+1.2i,−1.6−1.2i,−1.6,即短周期模态的无阻尼自然振荡频率为2,阻尼比为0.8,积分模态特征根为−1.6,通过特征结构配置可得 $\boldsymbol{K} = [\,0.016\ 3\quad -0.262\ 1\,]$,$J = -0.596\ 2$。 相应地可得到 $\boldsymbol{M} = [\,0.645\ 2\quad 0.000\,]$,$H = -0.837\ 7$。 Simulink 仿真框图如图 4.30 所示。

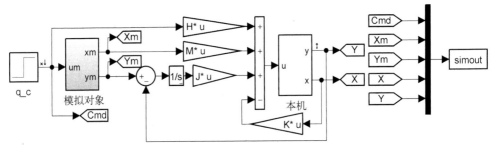

图 4.30　俯仰角速度跟踪 Simulink 框图

俯仰角速度指令到模拟对象和变稳机俯仰角速度的传递函数如下:

$$\frac{q_{\mathrm{m}}(s)}{q_{\mathrm{c}}(s)} = \frac{8.522\ 8(s + 1.056\ 0)}{s^2 + 4.8s + 9}$$

$$\frac{q(s)}{q_{\mathrm{c}}(s)} = \frac{8.522\ 8(s^2 + 3.198\ 9s + 4.000\ 8)(s + 1.600\ 9)(s + 1.055\ 2)}{(s^2 + 4.800\ 0s + 9.000\ 0)(s^2 + 3.200\ 0s + 4.000\ 0)(s + 1.600\ 0)}$$

$$\approx \frac{8.522\ 8(s + 1.055\ 2)}{s^2 + 4.8s + 9}$$

变稳机俯仰角速度传递函数的零极点分布如图 4.31 所示。

模拟对象和变稳机俯仰角速度传递函数的伯德图如图 4.32 所示。

模拟对象和变稳机俯仰角速度指令阶跃响应如图 4.33 所示。

可见,应用上述变稳控制律,在不考虑模型误差和扰动的情况下,变稳机的俯仰角速度可以理想地跟踪模拟对象的俯仰角速度。通过前馈和反馈作用,构造出了三个零点,正好与增稳后的本机的极点对消掉,只剩下模拟对象的零极点,从而整个系统的响应特性就是模拟对象的特性。而且,采用上述变稳控制律,即使模拟对象的频率高于本机频率,变稳机依然能够实现对模拟对象的理想跟踪。

为了验证控制律的鲁棒性,考虑本机参数摄动的影响,在非标称情况下对变稳机的响应特性进行分析。

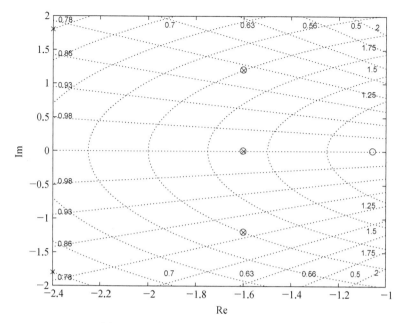

图 4.31 俯仰角速度跟踪零极点分布图

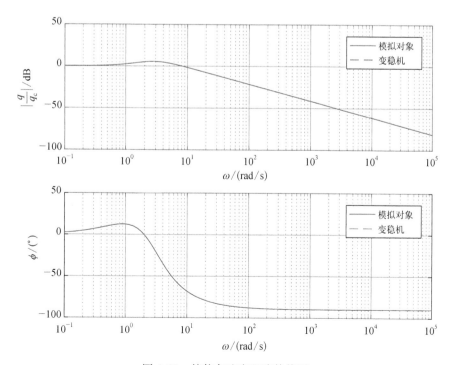

图 4.32 俯仰角速度跟踪伯德图

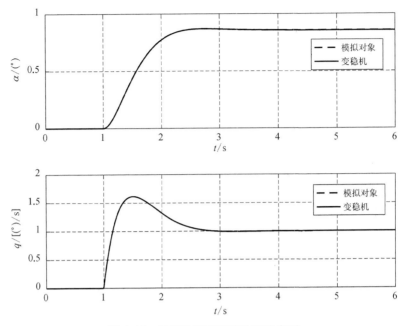

图 4.33　俯仰角速度跟踪阶跃响应图

　　本机参数存在摄动时的零极点分布如图 4.34 所示。可见,在本机参数存在较大范围摄动时,该控制律依然能够使闭环系统的极点处于左半平面内,且能保持较大阻尼比,变稳机具有较好的动态响应特性。

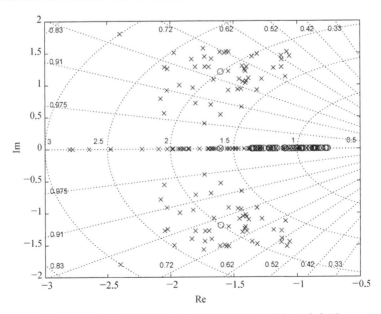

图 4.34　存在模型摄动时的俯仰角速度跟踪零极点分布图

本机参数存在摄动时的变稳机伯德图如图 4.35 所示,总体上,变稳机与模拟对象的幅频特性差异不大。

本机参数存在摄动时,变稳机及模拟对象对阶跃俯仰角速度的响应如图 4.36 所示。其中虚线为存在参数摄动情况下变稳机的响应,粗实线为模拟对象的响应。

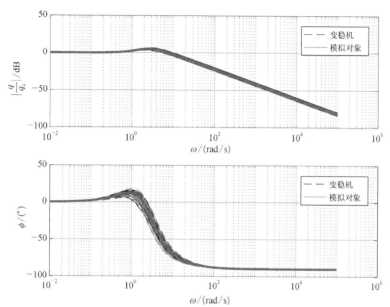

图 4.35　存在模型摄动时的俯仰角速度伯德图

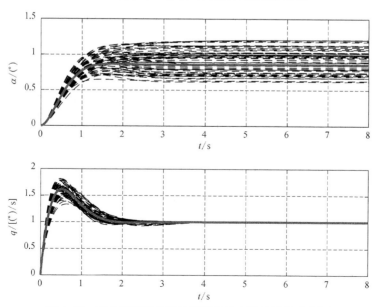

图 4.36　存在模型摄动时的俯仰角速度跟踪阶跃响应图

可见,在本机参数存在较大不确定性情况下,本控制律依然能够对模拟对象进行较好跟踪。且在模拟对象频率高于本机频率、$\boldsymbol{B}$ 不可逆情况下保持对俯仰角速度良好跟踪。

如果将模拟对象频率特性调低(如参考模型的频率为 1,阻尼比为 0.8),本机及期望的本机特征根保持不变,即

$$\boldsymbol{A}_{\mathrm{m}} = \begin{bmatrix} -1.056 & 0.905 \\ -0.470\,2 & -0.544 \end{bmatrix};\ \boldsymbol{B}_{\mathrm{m}} = \begin{bmatrix} 0 \\ 1.105 \end{bmatrix};\ \boldsymbol{C}_{\mathrm{m}} = \begin{bmatrix} 0 & 1 \end{bmatrix};\ \boldsymbol{D}_{\mathrm{m}} = 0$$

$$(4.111)$$

模拟对象频率及阻尼比如表 4.5 所示。

表 4.5　模型特征根、阻尼比及频率(纵向俯仰角速度跟踪控制,较低频)

特　征　根	阻　尼　比	频率/(rad/s)
−0.80+0.60i	0.8	1
−0.80−0.60i	0.8	1

通过特征结构配置可得 $\boldsymbol{K} = \begin{bmatrix} 0.016\,3 & -0.262\,1 \end{bmatrix}$, $J = -0.596\,2$。 相应地可得到 $\boldsymbol{M} = \begin{bmatrix} 0.143\,6 & -0.314\,5 \end{bmatrix}$, $H = -0.093\,1$。 可见,由于本机标称参数及期望的特征根没有变化,所以反馈及积分参数均没有变化。由于模拟对象发生了变化,所以前馈系数也发生了变化。变稳机的俯仰角速度指令到俯仰角速度传递函数的零极点分布如图 4.37 所示,变稳控制律基本上实现了对本机零极点的精确对消。

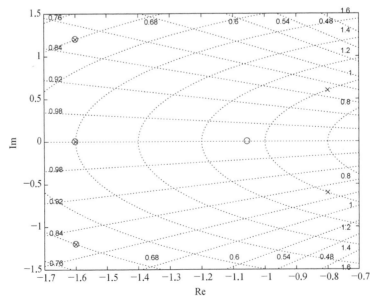

图 4.37　参考模型慢于本机时的俯仰角速度跟踪零极点分布图

　　模拟对象及变稳机俯仰角速度指令到俯仰角速度的传递函数如下:

$$\frac{q_{\mathrm{m}}(s)}{q_c(s)} = \frac{0.946\,97(s + 1.056\,0)}{s^2 + 1.6s + 1}$$

$$\frac{q(s)}{q_c(s)} = \frac{0.946\,97(s^2 + 3.198\,9s + 4.000\,8)(s + 1.600\,9)(s + 1.055\,2)}{(s^2 + 3.200\,0s + 4.000\,0)(s + 1.600\,0)(s^2 + 1.600\,0s + 1.000\,0)}$$

$$\approx \frac{0.946\,97(s + 1.055\,2)}{s^2 + 1.6s + 1}$$

　　其伯德图如图 4.38 所示。

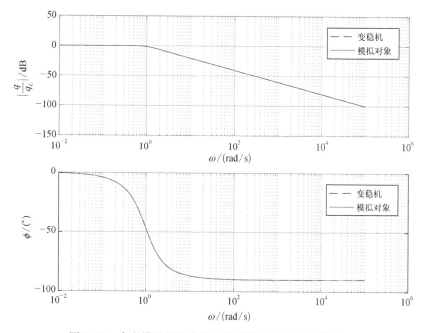

图 4.38　参考模型慢于本机时的俯仰角速度跟踪伯德图

　　模拟对象和变稳机在阶跃俯仰角速度指定输入时的时历响应如图 4.39 所示。

　　可见,通过前馈设计,同样可以对本机的极点进行精确对消,因此变稳机的零极点与模拟对象相同,其动态响应特性也相同。

　　在本机参数摄动情况下,变稳机俯仰角速度传递函数的零极点分布如图 4.40 所示。由于本机参数存在摄动,标称情况下设计的变稳控制律无法实现对本机零极点的精确对消。

　　从图 4.41 所示的伯德图可以看出,在本机参数存在摄动的情况下,变稳机的幅频特性与模拟对象差异并不大,但在飞行员感兴趣的频率范围内,相频特性与模拟对象存在较大差异,可能超前,也可能滞后,但总体上是稳定的。

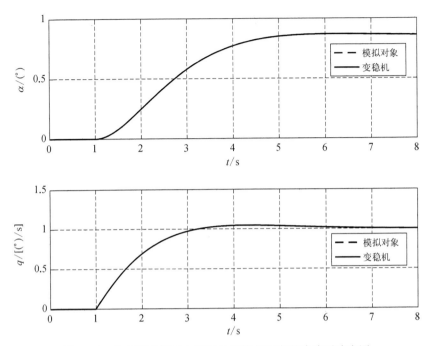

图 4.39 参考模型慢于本机时的俯仰角速度跟踪阶跃响应图

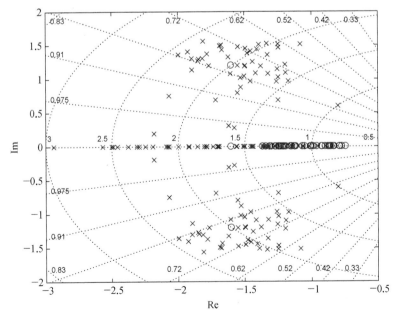

图 4.40 存在模型摄动、参考模型慢于本机时
俯仰角速度跟踪零极点分布图

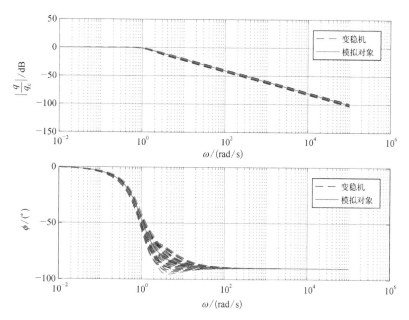

图 4.41　存在模型摄动、参考模型慢于本机时俯仰角速度跟踪伯德图

在本机参数存在摄动情况下,阶跃俯仰角速度指令的响应如图 4.42 所示,虚线为变稳机的响应,粗实线为模拟对象的响应。可以看出,俯仰角速度的阶跃响应无静差,但迎角与模拟对象有一定差异。

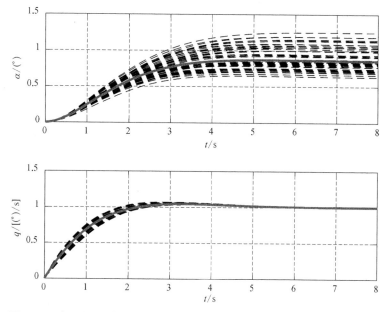

图 4.42　存在模型摄动、参考模型慢于本机时的俯仰角速度跟踪阶跃响应

3. 过载跟踪控制

假设某飞机飞行速度为 300 m/s,短周期模型为

$$
\begin{cases}
\begin{bmatrix} \dot{\alpha} \\ \dot{q} \end{bmatrix} = \begin{bmatrix} -1.056 & 0.905 \\ 0.8255 & -1.077 \end{bmatrix} \begin{bmatrix} \alpha \\ q \end{bmatrix} + \begin{bmatrix} -0.01 \\ -10.1736 \end{bmatrix} \delta_e \\
y = n_z = \dfrac{V}{g}\left\{ \begin{bmatrix} Z_\alpha & Z_q \end{bmatrix} \begin{bmatrix} \alpha \\ q \end{bmatrix} + Z_{\delta_e}\delta_e \right\}
\end{cases} \tag{4.112}
$$

过载跟踪的参考模型为

$$
\begin{cases}
\begin{bmatrix} \dot{\alpha}_m \\ \dot{q}_m \end{bmatrix} = \begin{bmatrix} -1.056 & 0.905 \\ -5.5761 & -3.744 \end{bmatrix} \begin{bmatrix} \alpha_m \\ q_m \end{bmatrix} + \begin{bmatrix} 0 \\ 0.28 \end{bmatrix} n_{zc} \\
y_m = n_{zm} = \begin{bmatrix} 32.3046 & 2.4473 \end{bmatrix} \begin{bmatrix} \alpha_m \\ q_m \end{bmatrix} + 0.0101 n_{zc}
\end{cases} \tag{4.113}
$$

即

$$
A = \begin{bmatrix} -1.056 & 0.905 \\ 0.8255 & -1.077 \end{bmatrix}; \ B = \begin{bmatrix} -0.01 \\ -10.1736 \end{bmatrix}; \tag{4.114}
$$
$$
C = \begin{bmatrix} 32.3046 & 2.9062 \end{bmatrix}; \ D = 0.3059
$$

$$
A_m = \begin{bmatrix} -1.056 & 0.905 \\ -5.5761 & -3.744 \end{bmatrix}, \ B_m = \begin{bmatrix} 0 \\ 0.28 \end{bmatrix}, \tag{4.115}
$$
$$
C_m = \begin{bmatrix} 32.3046 & 2.4473 \end{bmatrix}, \ D_m = 0.0101
$$

参考模型特性如表 4.6 所示。

表 4.6　模型特征根、阻尼比及频率(纵向过载跟踪控制,较高频)

特 征 根	阻 尼 比	频率/(rad/s)
-2.40+1.80i	0.8	3
-2.40-1.80i	0.8	3

设闭环系统的期望特征值为-1.6+1.2i、-1.6-1.2i、-1.6,即短周期模态的无阻尼自然振荡频率为2,阻尼比为0.8,积分模态特征根为-1.6,通过特征结构配置可得 $K = \begin{bmatrix} -0.5789 & -0.2616 \end{bmatrix}$, $J = -0.0195$。相应地可得到 $M = \begin{bmatrix} 0.0504 & 0.0006 \end{bmatrix}$, $H = -0.0275$。

Simulink 仿真框图如图 4.43 所示。

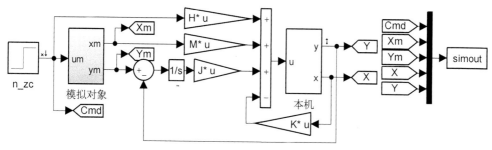

图 4.43　过载跟踪阶框图

过载指令到模拟对象和变稳机过载的传递函数如下：

$$\frac{n_{zm}(s)}{n_{zc}(s)} = \frac{0.010\,05(s+57.373\,4)(s+15.608\,2)}{s^2+4.8s+9}$$

$$-0.008\,419\,4(s-105.740\,1)(s+10.167\,9)$$

$$\frac{n_z(s)}{n_{zc}(s)} = \frac{(s^2+3.144s+3.838)(s+1.657\,3)}{(s^2+4.800\,0s+9.000\,0)(s^2+3.192\,1s+3.993\,8)(s+1.601\,9)}$$

$$\approx \frac{-0.008\,419\,4(s-105.740\,1)(s+10.167\,9)}{s^2+4.8s+9}$$

可见，虽然变稳控制律可以近似对消增稳后的本机极点，使得变稳机的极点近似等于模拟对象的极点，但是变稳控制律构造的附加零点与模拟对象的零点是不同的。变稳机过载传递函数的零极点分布如图 4.44 所示。

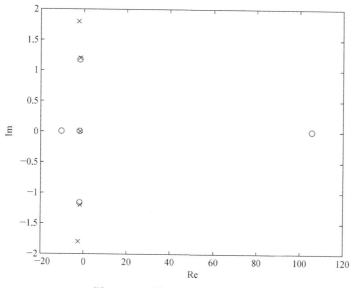

图 4.44　过载跟踪零极点分布图

　　变稳机和模拟对象在标称情况下的伯德图对比如图 4.45 所示。

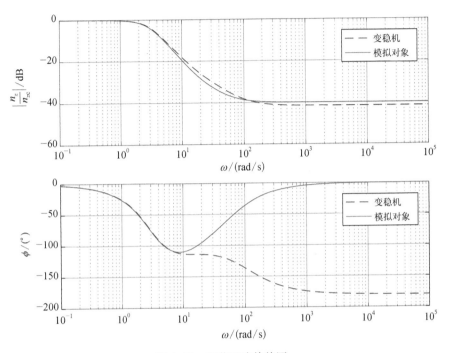

图 4.45　过载跟踪伯德图

　　可以看出,虽然变稳机和模拟对象过载传递函数不同,但在飞行员关心的频率范围内 ($\omega \leqslant 10\,\mathrm{rad/s}$),两者的伯德图还是非常接近的,这也是在飞行品质研究中,为什么可以采用低阶等效系统来评价高阶系统飞行品质特性的原因。因为并不需要在整个频率范围内要求二者始终保持一致,只要在飞行员关注的频率范围内保持一致即可。从这个意义上来说,变稳控制律可以让变稳机较好跟踪模拟对象过载响应特性。

　　变稳机和模拟对象在阶跃过载指令下的响应对比如图 4.46 所示。可以看出,在标称情况下,变稳机的状态及过载响应与模拟对象的响应是比较一致的。

　　模拟对象和变稳机过载指令到迎角和俯仰角速度的传递函数如下:

$$\frac{\alpha_{\mathrm{m}}(s)}{n_{zc}(s)} = \frac{0.253\,4}{s^2 + 4.8s + 9}$$

$$\frac{\alpha(s)}{n_{zc}(s)} = \frac{0.000\,275\,22(s + 921.787\,8)(s^2 + 3.144\,0s + 3.838\,0)(s + 1.657\,3)}{(s^2 + 4.800\,0s + 9.000\,0)(s^2 + 3.192\,1s + 3.993\,8)(s + 1.601\,9)}$$

$$\approx \frac{0.000\,275\,22(s + 921.787\,8)}{s^2 + 4.8s + 9}$$

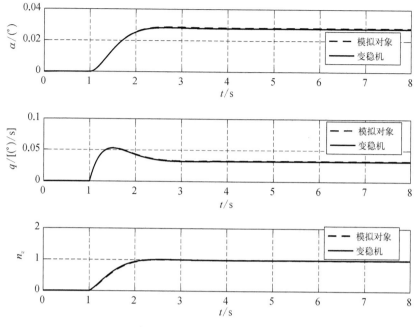

图 4.46　过载跟踪阶跃响应图

$$\frac{q_{\mathrm{m}}(s)}{n_{zc}(s)} = \frac{0.28(s + 1.0560)}{s^2 + 4.8s + 9}$$

$$\frac{q(s)}{n_{zc}(s)} = \frac{0.28(s^2 + 3.1440s + 3.8380)(s + 1.6573)(s + 1.0568)}{(s^2 + 4.8000s + 9.0000)(s^2 + 3.1921s + 3.9938)(s + 1.6019)}$$

$$\approx \frac{0.28(s + 1.0568)}{s^2 + 4.8s + 9}$$

对比发现,俯仰角速度的传递函数是非常接近的,但迎角的传递函数零点差异较大。所幸在 $\omega \leqslant 10\ \mathrm{rad/s}$ 的范围内,变稳机和模拟对象的频率特性是非常接近的,其伯德图对比如图 4.47 所示。这也是为什么二者的阶跃响应特性非常接近的原因。由于变稳机和模拟对象的状态(迎角和俯仰角速度)响应充分接近,所以也保证了其输出过载实现了很好的跟踪。

在本机参数存在摄动情况下,变稳机的零极点分布如图 4.48 所示(忽略了离虚轴较远的正零点和负零点)。

对应的伯德图与阶跃响应图(变稳机的相角做了 360° 平移)对比如图 4.49 与图 4.50 所示。

可见,在本机参数存在摄动时,变稳机的稳定裕度可能增大,也可能减小,但是其阶跃响应仍能实现对过载和俯仰角速度的较好跟踪。

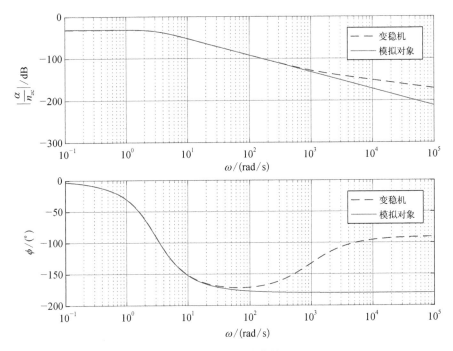

图 4.47　过载跟踪伯德图

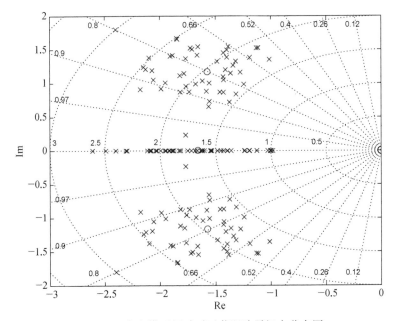

图 4.48　存在模型摄动时过载跟踪零极点分布图

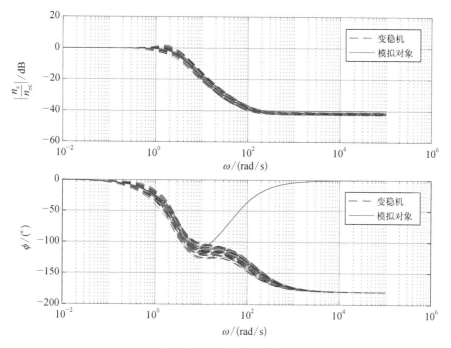

图 4.49　过载跟踪伯德图

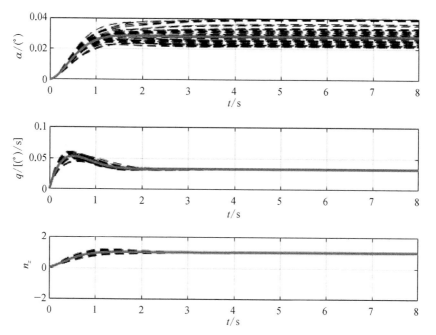

图 4.50　存在模型摄动时过载跟踪阶跃响应图

如果将模拟对象频率特性调低(如参考模型的频率为 1,阻尼比为 0.8),本机及期望的本机特征根保持不变,即

$$\boldsymbol{A}_{\mathrm{m}} = \begin{bmatrix} -1.056 & 0.905 \\ -0.470\,2 & -0.544 \end{bmatrix}; \; \boldsymbol{B}_{\mathrm{m}} = \begin{bmatrix} 0 \\ 0.031\,4 \end{bmatrix}; \qquad (4.116)$$
$$\boldsymbol{C}_{\mathrm{m}} = \begin{bmatrix} 32.304\,6 & 2.447\,3 \end{bmatrix}; \; \boldsymbol{D}_{\mathrm{m}} = 0.001\,1$$

模拟对象频率及阻尼比如表 4.7 所示。

表 4.7　模型特征根、阻尼比及频率(纵向过载跟踪控制,较低频)

特征根	阻尼比	频率/(rad/s)
-0.80+0.60i	0.8	1
-0.80-0.60i	0.8	1

通过特征结构配置可得 $\boldsymbol{K} = \begin{bmatrix} -0.578\,9 & -0.261\,6 \end{bmatrix}$,$J = -0.019\,5$。 相应地可得到 $\boldsymbol{M} = \begin{bmatrix} -0.451\,5 & -0.314 \end{bmatrix}$,$H = -0.003\,1$。 可见,由于本机标称参数及期望的特征根没有变化,所以反馈及积分参数均没有变化。由于模拟对象发生了变化,所以前馈系数也发生了变化。变稳机的过载指令到过载传递函数的零极点分布如图 4.51 所示,变稳控制律基本上实现了对本机极点的对消。

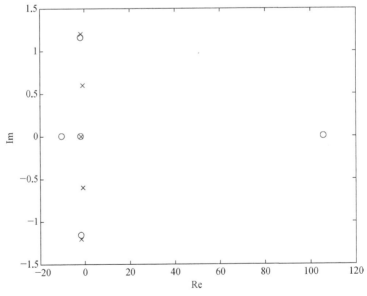

图 4.51　参考模型慢于本机时过载跟踪零极点分布图

变稳机和模拟对象的过载和迎角对过载指令的传递函数伯德图如图 4.52 所示。和模拟对象频率特性快于本机情况相比,在模拟对象频率下降(响应速度变

慢)的情况下,变稳机的频率特性可以在更大的频率范围内保持与模拟对象一致,可以预测其跟踪特性会更好。

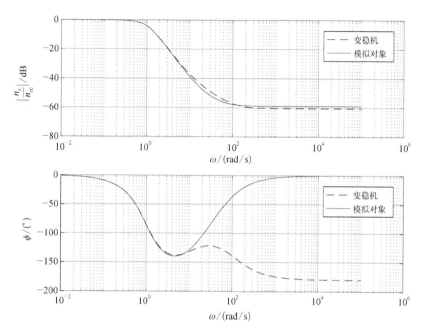

图 4.52　参考模型慢于本机时过载跟踪伯德图

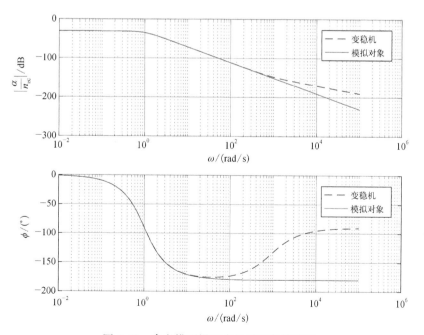

图 4.53　参考模型慢于本机时迎角伯德图

阶跃过载指令下变稳机和模拟对象的响应对比如图 4.54 所示。可以看出,两者的响应非常接近。

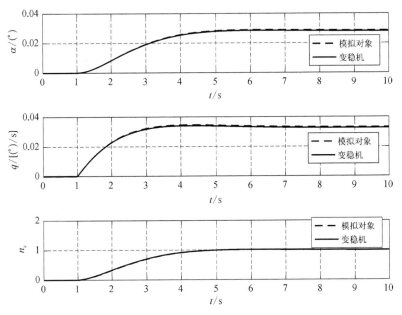

图 4.54　参考模型慢于本机时过载跟踪阶跃响应图

在本机参数存在摄动情况下,变稳机的零极点分布如图 4.55 所示。

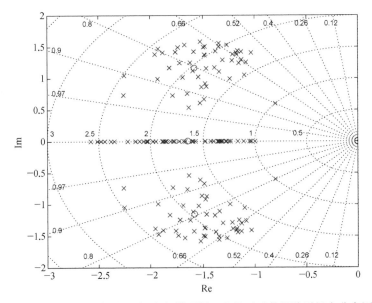

图 4.55　存在模型参数摄动、参考模型慢于本机时过载跟踪零极点分布图

在本机参数存在摄动情况下,变稳机与模拟对象的伯德图对比如图 4.56 所示。

在本机参数存在摄动情况下,变稳机与模拟对象的阶跃响应如图 4.57 所示。其中虚线为变稳机的响应,粗实线为模拟对象的响应。

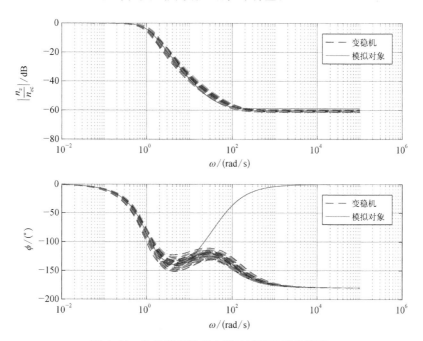

图 4.56　参考模型慢于本机时过载跟踪伯德图

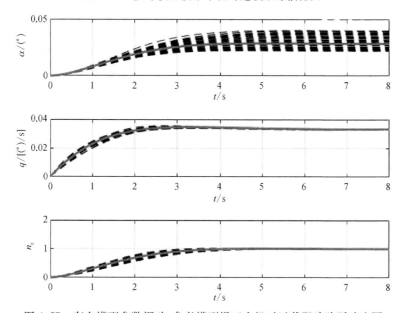

图 4.57　存在模型参数摄动、参考模型慢于本机时过载跟踪阶跃响应图

从零极点分布情况、伯德图对比情况和阶跃过载指令响应情况可以看出,即使本机参数存在较大的摄动,变稳控制律依然能够保持变稳机的稳定性和对模拟对象较好的跟踪特性。

4. 纵向模型跟踪控制总结

本章以短周期模型为例,对纵向模型跟踪方法进行了研究。在仿真过程中,通过特征结构配置方法设计反馈系数,使得本机期望极点位置始终为 $-1.6+1.2i$、$-1.6-1.2i$、-1.6,对应短周期模态无阻尼自然振荡频率为 2 rad/s,阻尼比为 0.8。并通过设计前馈控制律,让其跟踪频率高于和低于 2 rad/s 的模拟对象,其中频率较高的模拟对象的特征根、频率和阻尼比如表 4.8 所示。

表 4.8　模型特征根、阻尼比及频率(纵向跟踪控制,较高频)

特 征 根	阻 尼 比	频率/(rad/s)
$-2.40+1.80i$	0.8	3
$-2.40-1.80i$	0.8	3

针对迎角跟踪控制、俯仰角速度跟踪控制和过载跟踪控制的控制律参数汇总如表 4.9 所示。

表 4.9　不同跟踪控制模式下的控制律参数(纵向跟踪控制,较高频)

跟踪方式	反 馈 参 数	积分参数	输入前馈参数	模型状态前馈参数
迎角跟踪	$K = \begin{bmatrix} -0.6413 & -0.2615 \end{bmatrix}$	$J = -0.6951$	$H = -0.9775$	$M = \begin{bmatrix} -0.0140 & -0.0006 \end{bmatrix}$
俯仰角速度跟踪	$K = \begin{bmatrix} 0.0163 & -0.2621 \end{bmatrix}$	$J = -0.5962$	$H = -0.8377$	$M = \begin{bmatrix} 0.6452 & 0.000 \end{bmatrix}$
过载跟踪	$K = \begin{bmatrix} -0.5789 & -0.2616 \end{bmatrix}$	$J = -0.0195$	$H = -0.0275$	$M = \begin{bmatrix} 0.0504 & 0.0006 \end{bmatrix}$

频率较低的模拟对象的特征根、频率和阻尼比如表 4.10 所示。

表 4.10　模型特征根、阻尼比及频率(纵向跟踪控制,较低频)

特 征 根	阻 尼 比	频率/(rad/s)
$-0.80+0.60i$	0.8	1
$-0.80-0.60i$	0.8	1

针对迎角跟踪控制、俯仰角速度跟踪控制和过载跟踪控制的控制律参数汇总如表 4.11 所示。

表 4.11　不同跟踪控制模式下的控制律参数 (纵向跟踪控制, 较低频)

跟踪 方式	反 馈 参 数	积分参数	输入前馈参数	模型状态前馈参数
迎角 跟踪	$K = [-0.6433 \quad -0.2628]$	$J = -0.6959$	$H = -0.1086$	$M = [-0.5159 \quad -0.3152]$
俯仰角 速度跟踪	$K = [0.0163 \quad -0.2621]$	$J = -0.5962$	$H = -0.0931$	$M = [0.1436 \quad -0.3145]$
过载 跟踪	$K = [-0.5789 \quad -0.2616]$	$J = -0.0195$	$H = -0.0031$	$M = [-0.4515 \quad -0.314]$

可见, 用相同的本机跟踪不同的参考模型时, 反馈和积分参数是相同的, 需要调整的只是输入前馈参数和模型状态前馈参数。

4.7.2　横航向变稳控制律设计

为了对控制系统的鲁棒性进行研究, 假设飞机的横航向参数标称值及摄动范围如表 4.12 所示。

表 4.12　本机横航向参数标称值及摄动范围

参　数	标称值及摄动范围	参　数	标称值及摄动范围	参　数	标称值及摄动范围
$\overline{Y}_\beta$	$-0.322, \pm 10\%$	$\overline{L}_\beta$	$-30.649, \pm 30\%$	$\overline{N}_\beta$	$8.5396, \pm 30\%$
$\overline{Y}_p$	$0.0364, \pm 10\%$	$\overline{L}_p$	$-3.678, \pm 50\%$	$\overline{N}_p$	$-0.0254, \pm 50\%$
$\overline{Y}_r$	$0.0083, \pm 10\%$	$\overline{L}_r$	$0.6646, \pm 50\%$	$\overline{N}_r$	$-0.4764, \pm 50\%$
$\overline{Y}_{\delta_a}$	$0.001, \pm 10\%$	$\overline{L}_{\delta_a}$	$-0.7333, \pm 10\%$	$\overline{N}_{\delta_a}$	$-0.0319, \pm 10\%$
$\overline{Y}_{\delta_r}$	$0.001, \pm 10\%$	$\overline{L}_{\delta_r}$	$0.1315, \pm 10\%$	$\overline{N}_{\delta_r}$	$-0.062, \pm 10\%$
ζ	$0.7, [0.6 \sim 0.8]$	ω_n	$30, [20 \sim 60]$		

1. 横航向线性控制律设计原理

横航向的跟踪控制以绕速度矢量滚转角速度和侧滑角为跟踪目标, 控制量为副翼和方向舵。

横航向控制律主要对快速滚转模态和荷兰滚模态进行控制。通常情况下, 这两个模态的状态变量为 $x = [\beta \quad p \quad r]^{\mathrm{T}}$, 控制变量为 $u = [\delta_a \quad \delta_r]^{\mathrm{T}}$。但是在这组状态变量下要实现模态的解耦比较困难, 所以将状态变量通过线性变换 T 转换为 $x' = [\beta \quad p_a \quad \dot{\beta}]^{\mathrm{T}}$, 其中 p_a 为绕速度矢量滚转角速度。

以 $x = [\beta \quad p \quad r]^{\mathrm{T}}$ 为状态变量, $u = [\delta_a \quad \delta_r]^{\mathrm{T}}$ 为控制变量的状态方程如下:

$$\begin{cases} \dot{x} = Ax + Bu \\ y = x \end{cases} \tag{4.117}$$

取状态变换矩阵为

$$T = \begin{bmatrix} 1 & 0 & 0 \\ 0 & \cos\alpha & \sin\alpha \\ A_{11} & A_{12} & A_{13} \end{bmatrix} \tag{4.118}$$

可得

$$\begin{bmatrix} \beta \\ p_a \\ \dot{\beta} \end{bmatrix} = T \begin{bmatrix} \beta \\ p \\ r \end{bmatrix} = \begin{bmatrix} 1 & 0 & 0 \\ 0 & \cos\alpha & \sin\alpha \\ A_{11} & A_{12} & A_{13} \end{bmatrix} \begin{bmatrix} \beta \\ p \\ r \end{bmatrix} \tag{4.119}$$

即 $x' = Tx$。将式(4.117)左乘转换矩阵 T 并将状态变量取为 x' 可得

$$\begin{cases} \dot{x}' = TAT^{-1}x' + TBu \\ y = T^{-1}x' \end{cases} \tag{4.120}$$

令

$$\begin{cases} A' = TAT^{-1}, \ B' = TB \\ C' = T^{-1}, \ D' = 0 \end{cases} \tag{4.121}$$

可得

$$\dot{x}' = A'x' + B'u$$
$$y = C'x' + D'u \tag{4.122}$$

设期望特征值为

$$\lambda = \begin{bmatrix} \eta + \omega i & \eta - \omega i & \lambda_R \end{bmatrix} \tag{4.123}$$

期望特征向量为

$$V_d = \begin{bmatrix} 1 & \times & 0 \\ 0 & 0 & 1 \\ \times & 1 & 0 \end{bmatrix} \tag{4.124}$$

对式(4.122)采用特征结构配置方法,可以得到增稳反馈矩阵 K,使得其闭环系统 $A'_c = A' - B'KC'$ 的特征根为指定值,且滚转模态和荷兰滚模态的特征向量解耦。带增稳控制后的闭环系统如图4.58所示。

为了实现指令跟踪,需要设计前馈环节,如图4.59所示。

上述前馈环节可简化为如图4.60所示。

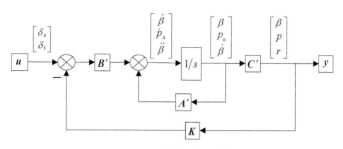

图 4.58　横航向增稳控制

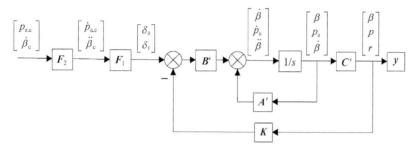

图 4.59　横航向前馈控制

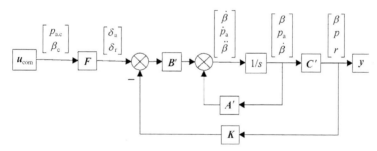

图 4.60　横航向前馈+反馈组合控制

在 Simulink 中进行仿真时,用压杆指令的方式来表示 $p_{a.c}$,用蹬舵指令表示 β_c。因此,当输入指令为单纯的压杆指令 $[p_{a.c}\ \ \beta_c]^T = [1\ \ 0]^T$ 时,希望系统稳定后的状态 $[\beta\ \ p_a\ \ \dot{\beta}] = [0\ \ -1\ \ 0]$,即正压杆,产生负的绕速度矢量滚转角速度;当输入指令为单纯的蹬舵指令 $[p_{a.c}\ \ \beta_c] = [0\ \ 1]$ 时,希望系统稳定后的状态 $[\beta\ \ p_a\ \ \dot{\beta}] = [1\ \ 0\ \ 0]$,即正蹬舵时,产正的侧滑角。根据闭环系统的状态方程:

$$\dot{x}' = (A' - B'C'K)x' + B'Fu_{com} \tag{4.125}$$

在稳定后要满足上述要求,则有如下关系成立:

$$0 = (A' - B'C'K)\begin{bmatrix} 0 & 1 \\ -1 & 0 \\ 0 & 0 \end{bmatrix} + B'F\begin{bmatrix} 1 & 0 \\ 0 & 1 \end{bmatrix} \tag{4.126}$$

从而可求得前馈系数 $\boldsymbol{F}$:

$$\boldsymbol{F} = -\boldsymbol{B}'^{-1}(\boldsymbol{A}' - \boldsymbol{B}'\boldsymbol{C}'\boldsymbol{K})\begin{bmatrix} 0 & 1 \\ -1 & 0 \\ 0 & 0 \end{bmatrix} \quad (4.127)$$

至此,得到了系统前馈矩阵 $\boldsymbol{F}$ 和反馈矩阵 $\boldsymbol{K}$,系统可以实现对闭环指令的跟踪控制。在上述推导过程中,对于所有的求逆运算,如果矩阵不可逆,则采用广义逆代替。

2. 横航向跟踪控制(绕机体 x 轴滚转)

飞机横航向线性化模型如下:

$$\begin{cases} \begin{bmatrix} \dot{\beta} \\ \dot{p} \\ \dot{r} \end{bmatrix} = \begin{bmatrix} \overline{Y}_\beta & \overline{Y}_p & \overline{Y}_r - 1 \\ \overline{L}_\beta & \overline{L}_p & \overline{L}_r \\ \overline{N}_\beta & \overline{N}_p & \overline{N}_r \end{bmatrix} \begin{bmatrix} \beta \\ p \\ r \end{bmatrix} + \begin{bmatrix} \overline{Y}_{\delta a} & \overline{Y}_{\delta r} \\ \overline{L}_{\delta a} & \overline{L}_{\delta r} \\ \overline{N}_{\delta a} & \overline{N}_{\delta r} \end{bmatrix} \begin{bmatrix} \delta_a \\ \delta_r \end{bmatrix} \\ \boldsymbol{y} = \begin{bmatrix} 1 & 0 & 0 \\ 0 & 1 & 0 \end{bmatrix} \begin{bmatrix} \beta \\ p \\ r \end{bmatrix} \end{cases} \quad (4.128)$$

某飞机的横航向线性化模型为

$$\begin{cases} \begin{bmatrix} \dot{\beta} \\ \dot{p} \\ \dot{r} \end{bmatrix} = \begin{bmatrix} -0.322 & 0.0364 & -0.9917 \\ -30.649 & -3.678 & 0.6646 \\ 8.5396 & -0.0254 & -0.4764 \end{bmatrix} \begin{bmatrix} \beta \\ p \\ r \end{bmatrix} + \begin{bmatrix} 0 & 0.001 \\ -0.733 & 0.1315 \\ -0.019 & -0.062 \end{bmatrix} \begin{bmatrix} \delta_a \\ \delta_r \end{bmatrix} \\ \boldsymbol{y} = \begin{bmatrix} 1 & 0 & 0 \\ 0 & 1 & 0 \end{bmatrix} \begin{bmatrix} \beta \\ p \\ r \end{bmatrix} \end{cases} \quad (4.129)$$

取参考模型如下:

$$\begin{cases} \begin{bmatrix} \dot{\beta}_m \\ \dot{p}_m \\ \dot{r}_m \end{bmatrix} = \begin{bmatrix} -0.322 & 0.0364 & -0.9917 \\ -0.0112 & -1.0004 & 0.0099 \\ 3.0987 & 0.0919 & -2.8776 \end{bmatrix} \begin{bmatrix} \beta_m \\ p_m \\ r_m \end{bmatrix} + \begin{bmatrix} 0 & 0 \\ 1.0036 & 0.0144 \\ 0.0137 & -4.0331 \end{bmatrix} \begin{bmatrix} p_c \\ \beta_c \end{bmatrix} \\ \boldsymbol{y}_m = \begin{bmatrix} 1 & 0 & 0 \\ 0 & 1 & 0 \end{bmatrix} \begin{bmatrix} \beta_m \\ p_m \\ r_m \end{bmatrix} \end{cases} \quad (4.130)$$

即

$$\begin{cases} \boldsymbol{A} = \begin{bmatrix} -0.322 & 0.036\,4 & -0.991\,7 \\ -30.649 & -3.678 & 0.664\,6 \\ 8.539\,6 & -0.025\,4 & -0.476\,4 \end{bmatrix}; \boldsymbol{B} = \begin{bmatrix} 0 & 0.001 \\ -0.733 & 0.131\,5 \\ -0.019 & -0.062 \end{bmatrix} \\ \boldsymbol{C} = \begin{bmatrix} 1 & 0 & 0 \\ 0 & 1 & 0 \end{bmatrix}; \boldsymbol{D} = \begin{bmatrix} 0 & 0 \\ 0 & 0 \end{bmatrix} \end{cases} \tag{4.131}$$

$$\begin{cases} \boldsymbol{A}_{\mathrm{m}} = \begin{bmatrix} -0.322 & 0.036\,4 & -0.991\,7 \\ -0.011\,2 & -1.000\,4 & 0.009\,9 \\ 3.098\,7 & 0.091\,9 & -2.877\,6 \end{bmatrix}; \boldsymbol{B}_{\mathrm{m}} = \begin{bmatrix} 0 & 0 \\ 1.003\,6 & 0.014\,4 \\ 0.013\,7 & -4.033\,1 \end{bmatrix} \\ \boldsymbol{C}_{\mathrm{m}} = \begin{bmatrix} 1 & 0 & 0 \\ 0 & 1 & 0 \end{bmatrix}; \boldsymbol{D}_{\mathrm{m}} = \begin{bmatrix} 0 & 0 \\ 0 & 0 \end{bmatrix} \end{cases} \tag{4.132}$$

参考模型特性如表 4.13 所示。

表 4.13 模型特征根、阻尼比及频率(横航向跟踪控制,
绕机体 x 轴滚转,模拟对象频率低于本机)

特 征 根	阻 尼 比	频率/(rad/s)
-1.60+1.20i	0.8	2
-1.60-1.20i	0.8	2
-1	1	1

设闭环系统的期望特征值为:-3.2+2.40i、-3.2-2.4、-8,即荷兰滚模态的无阻尼自然振荡频率为4,阻尼比为0.8,滚转模态特征根为-8,通过特征结构配置可得

$$\boldsymbol{K} = \begin{bmatrix} 56.969\,2 & -5.483\,4 & -15.960\,8 \\ 85.658\,7 & 2.307\,1 & -84.064\,1 \end{bmatrix}$$

相应地可得到

$$\boldsymbol{M} = \begin{bmatrix} 32.268\,7 & -9.263\,0 & -8.529\,8 \\ 180.961\,1 & 1.573\,6 & -47.621\,3 \end{bmatrix};$$

$$\boldsymbol{H} = \begin{bmatrix} -1.335\,5 & 11.040\,5 \\ 0.187\,9 & 61.650\,5 \end{bmatrix}$$

不考虑误差的积分,即 $\boldsymbol{J} = \begin{bmatrix} 0 & 0 \\ 0 & 0 \end{bmatrix}$。

横航向跟踪控制的 Simulink 框图如图 4.61 所示。

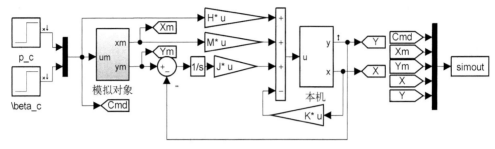

图 4.61　横航向跟踪控制的框图

输入对模拟对象的传递函数如下：

$$
\begin{cases}
\dfrac{\beta_{\mathrm{m}}(s)}{p_{\mathrm{c}}(s)} = \dfrac{0.022\,925s}{(s^2 + 3.2s + 4)(s + 1)} \\[3mm]
\dfrac{p_{\mathrm{m}}(s)}{p_{\mathrm{c}}(s)} = \dfrac{1}{s + 1} \\[3mm]
\dfrac{\beta_{\mathrm{m}}(s)}{\beta_{\mathrm{c}}(s)} = \dfrac{4}{s^2 + 3.2s + 4} \\[3mm]
\dfrac{p_{\mathrm{m}}(s)}{\beta_{\mathrm{c}}(s)} = \dfrac{0.014\,4s(s + 0.43)}{(s^2 + 3.2s + 4)(s + 1)}
\end{cases}
\tag{4.133}
$$

输入对变稳机的传递函数如下：

$$
\begin{cases}
\dfrac{\beta(s)}{p_{\mathrm{c}}(s)} = \dfrac{0.000\,187\,91(s + 124.42)(s + 8)(s^2 + 6.45s + 16.84)(s + 0.05)}{(s + 8)(s^2 + 6.4s + 16)(s^2 + 3.2s + 4)(s + 1)} \\[3mm]
\dfrac{p(s)}{p_{\mathrm{c}}(s)} = \dfrac{1.003\,6(s + 8)(s^2 + 6.4s + 16)(s^2 + 3.2s + 4)}{(s + 8)(s^2 + 6.4s + 16)(s^2 + 3.2s + 4)(s + 1)} \\[3mm]
\dfrac{\beta(s)}{\beta_{\mathrm{c}}(s)} = \dfrac{0.061\,651(s + 65.36)(s + 8)(s^2 + 6.32s + 16.74)(s + 1)}{(s + 8)(s^2 + 6.4s + 16)(s^2 + 3.2s + 4)(s + 1)} \\[3mm]
\dfrac{p(s)}{\beta_{\mathrm{c}}(s)} = \dfrac{0.014\,39(s + 7.34)(s^2 + 6.58s + 17.84)(s + 0.59)(s - 0.33)}{(s + 8)(s^2 + 6.4s + 16)(s^2 + 3.2s + 4)(s + 1)}
\end{cases}
\tag{4.134}
$$

　　可见，变稳控制律构造的零点可以部分对消或近似对消变稳机的部分极点，经零极点对消后的近似传递函数如下：

$$
\begin{cases}
\dfrac{\beta(s)}{p_c(s)} \approx \dfrac{0.000\,187\,91(s + 124.42)(s + 0.05)}{(s^2 + 3.2s + 4)(s + 1)} \\[3mm]
\dfrac{p(s)}{p_c(s)} = \dfrac{1}{s + 1} \\[3mm]
\dfrac{\beta(s)}{\beta_c(s)} \approx \dfrac{0.061\,7(s + 65.36)}{s^2 + 3.2s + 4} \\[3mm]
\dfrac{p(s)}{\beta_c(s)} \approx \dfrac{0.014\,4(s + 0.59)(s - 0.33)}{(s^2 + 3.2s + 4)(s + 1)}
\end{cases}
\tag{4.135}
$$

对于滚转角速度指令 p_c 输入，$\beta(s)/p_c(s)$ 的增益很小，从伯德图上也可以看出这一点；系统在左半平面内有一个非常接近虚轴的零点和一个远离虚轴的零点，虽然其零点与模拟对象有较大差别，但在飞行员感兴趣的频率范围内（$0.1\ \text{rad/s} \leqslant \omega \leqslant 10\ \text{rad/s}$），两者的动态特性还是较为接近的，不过在超低频范围内（$\omega \leqslant 0.1\ \text{rad/s}$）两者的稳态特性有所差异，这从伯德图的低频特性和阶跃响应特性均可看出。$p(s)/p_c(s)$ 与模拟对象一致，为一阶惯性环节。因此 p_c 输入时的响应主要为 p，侧滑角的响应会很小，从阶跃响应过程也可以看出这一点。这说明，本节设计的变稳控制律具有较好的解耦效果，滚转指令基本不影响偏航和侧滑。对于侧滑角指令 β_c 输入，$\beta(s)/\beta_c(s)$ 的极点与模拟对象的传递函数存在一定差异，在左半平面存在一个远离虚轴的零点，稳态增益与模拟对象也略有不同，从阶跃响应和伯德图可以看出这一点。在频率 $\omega > 2\ \text{rad/s}$ 的范围，从伯德图上可以看出，变稳机与模拟对象的相角滞后量也有一定差异。$p(s)/\beta_c(s)$ 有一个正的零点和一个负的零点，在 $\omega < 1\ \text{rad/s}$ 的范围内，无论是幅频特性还是相频特性均有较大差异，因此二者的阶跃响应会存在较大差异，从阶跃响应图上可以直接看出这一点。

忽略远离虚轴的零极点后变稳机的零极点分布如图 4.62 所示。可见，变稳控制律构造的零点会对消或近似对消掉部分极点，从而使变稳机的响应模态变得更加简单。

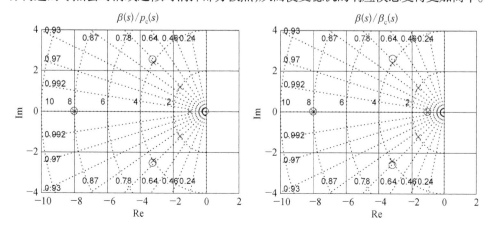

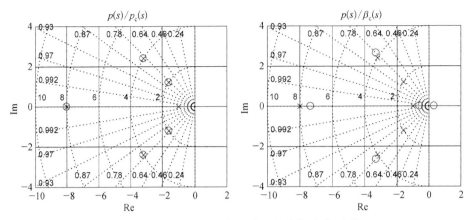

图 4.62　横航向模型跟踪控制零极点分布图(标称情况)

变稳机与模拟对象的伯德图对比如图 4.63 所示。

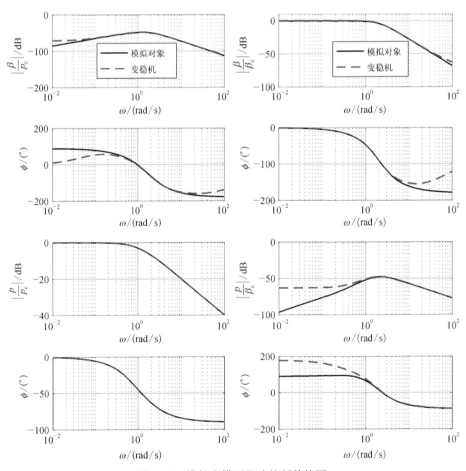

图 4.63　横航向模型跟踪控制伯德图

变稳机与模拟对象的阶跃响应对比如图 4.64 所示。

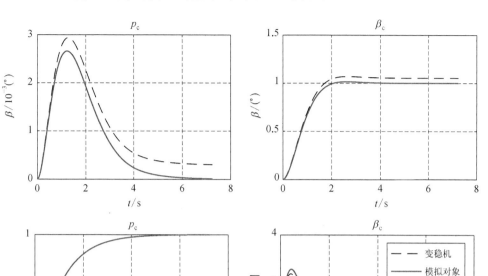

图 4.64　横航向模型跟踪控制阶跃响应

　　分析发现,由于变稳控制律未能对本机极点进行精确对消,变稳机的传递函数与模拟对象之间存在一定差异,但在中频范围内（1 rad/s < ω < 10 rad/s）二者还是比较一致的。侧滑角对滚转角速度指令、滚转角速度对侧滑角指令的响应特性在低频及超低频时存在一定差异。但从幅频特性曲线看,侧滑角对滚转角速度指令的响应很小,滚转角速度对侧滑角指令的响应特性也很小,从阶跃响应特性也可以看出,滚转角速度指令主要引起滚转角速度响应,侧滑角变化很小,侧滑角指令主要引起侧滑角响应,滚转角速度变化很小。这说明变稳控制律具有较好的输入-输出解耦控制效果。从伯德图的幅频响应可以看出,侧滑角对侧滑角指令的幅频响应特性存在一定差异,其对应的阶跃响应存在一定的稳态误差。

　　上述结果是在本机参数为标称值情况下得到的,且没有考虑模拟对象与本机滚转角速度和侧滑角之间误差的积分作用。综合传递函数、伯德图、阶跃响应特性可看出,对于多自由度变稳控制,在没有考虑被控量误差积分影响情况下,除滚转角速度指令到滚转角速度的响应以外,其他各个通道的动态特性与模拟对象均有不同程度的差异。

当本机参数存在摄动时,采用蒙特卡罗方法在参数摄动空间内随机选择 25 组参数后的变稳机零极点分布如图 4.65 所示(忽略远离虚轴的负零点)。

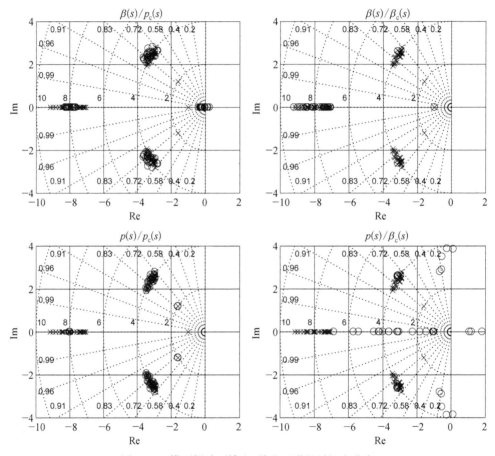

图 4.65　模型摄动下输入/输出通道的零极点分布

变稳机与模拟对象伯德图对比如图 4.66 所示。

变稳机与模拟对象阶跃响应对比如图 4.67 所示。

从零极点分布情况看,即使在本机参数存在较大摄动情况下,变稳机仍然是稳定的。但是由于低频特性存在差异,所以变稳机与模拟对象之间的阶跃响应存在一定差别,所有输出均存在稳态误差。

为了改善上述变稳机的动态特性,在前面反馈加前馈控制律的基础上,再引入模拟对象和本机之间侧滑角及滚转角速度的误差积分控制。

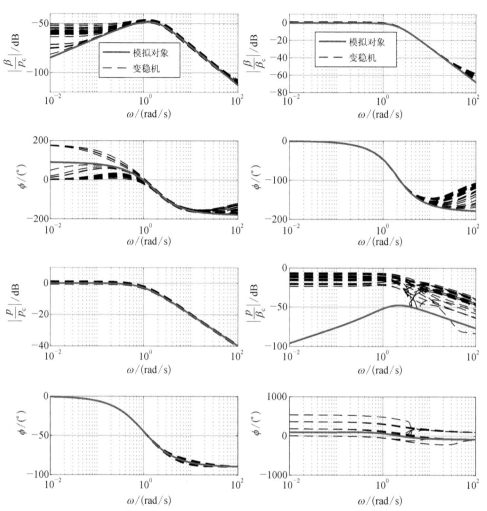

图 4.66 模型摄动下的伯德图

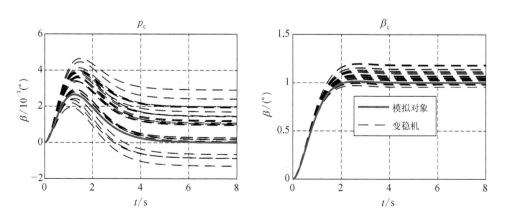

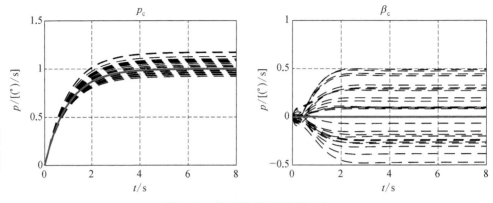

图 4.67 模型摄动下的阶跃响应

模拟对象、标称情况下的本机特性不变,在特征结构配置中,仍取期望特征值为 $-3.2+2.4i$、$-3.2-2.4i$、-8,侧滑角误差和滚转角速度误差积分模态的极点均取为 -3.2。通过特征结构配置可得标称情况下的反馈参数为

$$K = \begin{bmatrix} 109.5325 & -9.6423 & -23.9354 \\ 379.0358 & 3.4590 & -128.5023 \end{bmatrix}$$

前馈参数为

$$M = \begin{bmatrix} 84.8319 & -13.4219 & -16.5044 \\ 474.3383 & 2.7255 & -92.0595 \end{bmatrix}; \quad H = \begin{bmatrix} -1.3355 & 11.0405 \\ 0.1879 & 61.6505 \end{bmatrix}$$

误差积分参数为

$$J = \begin{bmatrix} 139.8904 & -34.9586 \\ 783.3621 & -0.1883 \end{bmatrix}$$

输入对变稳机的传递函数如下:

$$\begin{cases} \dfrac{\beta(s)}{p_c(s)} = \dfrac{0.00018791(s+124.28)(s+8)(s^2+6.84s+18.92)(s+3.2)(s+2.72)s}{(s+8)(s^2+6.4s+16)(s+3.2)(s+3.2)(s^2+3.2s+4)(s+1)} \\[3mm] \dfrac{p(s)}{p_c(s)} = \dfrac{1.0036(s+8)(s^2+6.4s+16)(s+3.2)(s+3.2)(s^2+3.2s+4)}{(s+8)(s^2+6.4s+16)(s+3.2)(s+3.2)(s^2+3.2s+4)(s+1)} \\[3mm] \dfrac{\beta(s)}{\beta_c(s)} = \dfrac{0.061651(s+65.36)(s+8)(s^2+6.61s+19.44)(s+3.2)(s+2.62)(s+1)}{(s+8)(s^2+6.4s+16)(s+3.2)(s+3.2)(s^2+3.2s+4)(s+1)} \\[3mm] \dfrac{p(s)}{\beta_c(s)} = \dfrac{0.01439(s+6.93)(s^2+7.33s+21.86)(s+3.2)(s+2.55)(s+0.35)s}{(s+8)(s^2+6.4s+16)(s+3.2)(s+3.2)(s^2+3.2s+4)(s+1)} \end{cases}$$

$$(4.136)$$

可见,变稳控制律构造的零点可以部分对消或近似对消变稳机的部分极点,经零极点对消或近似对消后的简化传递函数如下:

$$\begin{cases} \dfrac{\beta(s)}{p_c(s)} \approx \dfrac{0.0001879s(s+124.28)}{(s^2+3.2s+4)(s+1)} \\[3mm] \dfrac{p(s)}{p_c(s)} = \dfrac{1}{s+1} \\[3mm] \dfrac{\beta(s)}{\beta_c(s)} \approx \dfrac{0.061651(s+65.36)}{s^2+3.2s+4} \\[3mm] \dfrac{p(s)}{\beta_c(s)} \approx \dfrac{0.01439(s+0.35)s}{(s^2+3.2s+4)(s+1)} \end{cases} \quad (4.137)$$

变稳机的零极点分布如图 4.68 所示(忽略远离虚轴的负零点)。

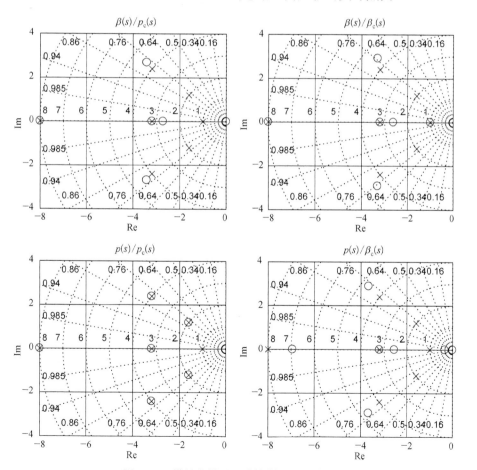

图 4.68　横航向模型跟踪控制零极点分布图

标称参数下的变稳机和模拟对象的伯德图对比如图 4.69 所示。

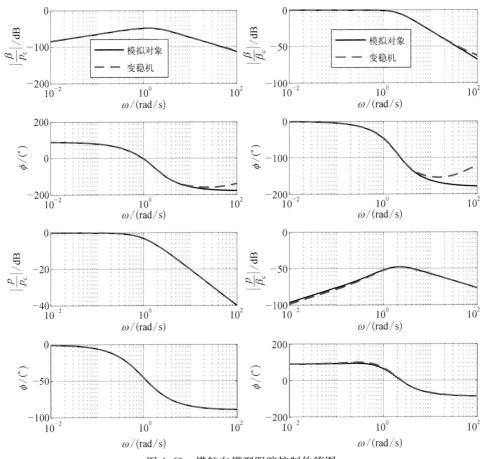

图 4.69　横航向模型跟踪控制伯德图

标称参数下的变稳机和模拟对象的阶跃响应对比如图 4.70 所示。

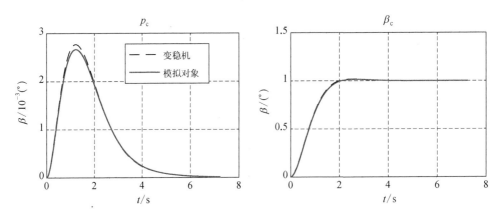

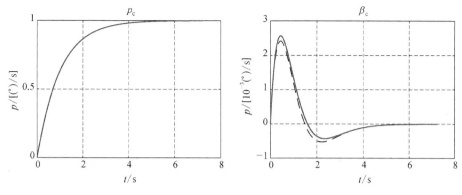

图 4.70　横航向模型跟踪控制阶跃响应

可以看出,在引入侧滑角和滚转角速度误差积分后,变稳机的响应特性得到了进一步改善,在飞行员感兴趣的频率范围内,其频率特性更加接近模拟对象,阶跃响应特性中,稳态误差基本得到消除。滚转角速度通道和侧滑角通道之间的解耦关系良好。

在本机参数存在摄动情况下,保持变稳控制律参数不变,应用蒙特卡罗方法在参数摄动空间内随机选取 25 组参数得到的变稳机零极点分布如图 4.71 所示(忽

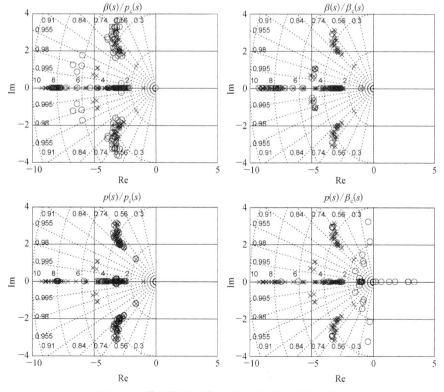

图 4.71　模型摄动下输入/输出通道的零极点分布

略了远离虚轴的负零点)。

在本机参数存在摄动情况下,可能导致侧滑角指令到滚转角速度通道的传递函数出现正零点,且正零点离虚轴不够远,这可能导致其伯德图和阶跃响应与模拟对象存在较大差异。

在本机参数存在摄动情况下变稳机与模拟对象的伯德图对比如图 4.72 所示。

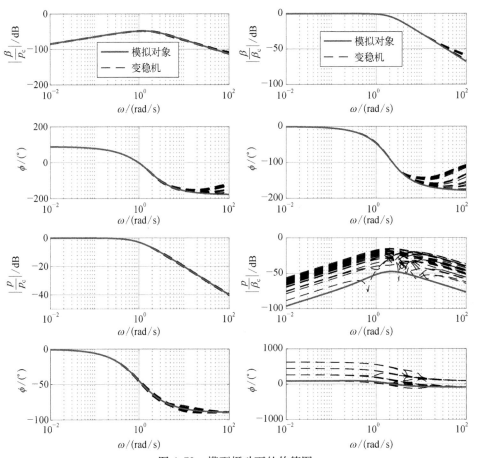

图 4.72　模型摄动下的伯德图

可以看出,除侧滑角指令到滚转角速度通道之外,在飞行员感兴趣的范围内,变稳机和模拟对象在其余通道的伯德图一致性较好。对应的阶跃响应对比如图 4.73 所示。各输入与输出之间均无稳态误差。

可以看出,在本机参数存在摄动情况下,无论是频率特性还是阶跃响应特性,变稳机与模拟对象在飞行员感兴趣的频率范围都更加接近,相较于无侧滑角和滚转角速度误差积分情况,该变稳控制律的性能得到了大大提高。引入误差的积分控制,可以在不改变原有解耦控制关系的情况下,改善稳态性能。

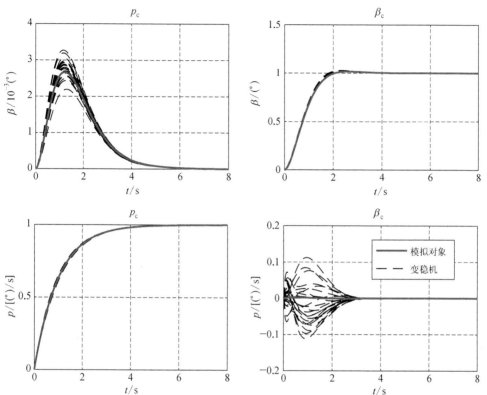

图 4.73　模型摄动下的阶跃响应

上面的结果是在模拟对象频率低于本机频率情况下的结果。如果保持本机期望特征根不变,将模拟对象的荷兰滚模态的频率从 2 提高到 5,滚转模态由 1 提高到 6,其特征根、频率与阻尼比如表 4.14 所示。

表 4.14　模型特征根、阻尼比及频率(横航向跟踪控制,
绕机体 x 轴滚转,模拟对象频率高于本机)

特　征　根	阻　尼　比	频率/(rad/s)
-4.00+3.00i	0.8	5
-4.00-3.00i	0.8	5
-6	1	6

相应的模拟对象系统矩阵和输入矩阵如下:

$$\boldsymbol{A}_{\mathrm{m}}=\begin{bmatrix} -0.3220 & 0.0364 & -0.9917 \\ -0.0000 & -6.0000 & 0.0000 \\ 22.7162 & 0.1431 & -7.6780 \end{bmatrix}; \boldsymbol{B}_{\mathrm{m}}=\begin{bmatrix} 0.0000 & 0.0000 \\ 6.0000 & 0.0000 \\ 0.1387 & -25.2092 \end{bmatrix}$$

模拟对象的传递函数为

$$
\begin{cases}
\dfrac{\beta_m(s)}{p_c(s)} = \dfrac{0.080\,872s}{(s+6)(s^2+8s+25)} \\[4mm]
\dfrac{p_m(s)}{p_c(s)} = \dfrac{6}{s+6} \\[4mm]
\dfrac{\beta_m(s)}{\beta_c(s)} = \dfrac{25}{s^2+8s+25} \\[4mm]
\dfrac{p_m(s)}{\beta_c(s)} = \dfrac{-1.354\,1e-13}{(s+6)(s^2+8s+25)(s^2+6.4s+16)}
\end{cases}
\tag{4.138}
$$

应用特征结构配置方法,本机参数取标称值、不考虑侧滑角和滚转角速度误差积分控制情况下,可得反馈控制律参数如下:

$$
\boldsymbol{K} = \begin{bmatrix} 56.969\,2 & -5.483\,4 & -15.960\,8 \\ 85.658\,7 & 2.307\,1 & -84.064\,1 \end{bmatrix}
$$

前馈控制律参数为

$$
\boldsymbol{M} = \begin{bmatrix} -21.539\,5 & -2.942\,8 & 4.646\,3 \\ -118.887\,1 & -1.189\,0 & 25.748\,6 \end{bmatrix}; \quad
\boldsymbol{H} = \begin{bmatrix} -8.139\,3 & 69.126\,8 \\ 0.257\,5 & 385.321\,6 \end{bmatrix}
$$

变稳机的传递函数为

$$
\begin{cases}
\dfrac{\beta(s)}{p_c(s)} = \dfrac{0.000\,257\,5(s+305.05)(s+8)(s^2+6.13s+16.5)(s+0.55)}{(s+8)(s+6)(s^2+8s+25)(s^2+6.4s+16)} \\[4mm]
\dfrac{p(s)}{p_c(s)} = \dfrac{6(s+8)(s^2+8s+25)(s^2+6.4s+16)}{(s+8)(s+6)(s^2+8s+25)(s^2+6.4s+16)} \\[4mm]
\dfrac{\beta(s)}{\beta_c(s)} = \dfrac{0.385\,32(s+65.36)(s+8)(s+6)(s^2+6.32s+16.74)}{(s+8)(s+6)(s^2+8s+25)(s^2+6.4s+16)} \\[4mm]
\dfrac{p(s)}{\beta_c(s)} = \dfrac{-0.000\,152\,7(s+391.9)(s+6)(s+4.09)(s^2+0.82s+9.42)}{(s+8)(s+6)(s^2+8s+25)(s^2+6.4s+16)}
\end{cases}
\tag{4.139}
$$

可见:

$$\begin{cases}
\dfrac{\beta_{\mathrm{m}}(s)}{p_{\mathrm{c}}(s)} = \dfrac{0.080\,872s}{(s+6)(s^2+8s+25)} \\[2mm]
\dfrac{p_{\mathrm{m}}(s)}{p_{\mathrm{c}}(s)} = \dfrac{6}{s+6} \\[2mm]
\dfrac{\beta_{\mathrm{m}}(s)}{\beta_{\mathrm{c}}(s)} = \dfrac{25}{s^2+8s+25} \\[2mm]
\dfrac{p_{\mathrm{m}}(s)}{\beta_{\mathrm{c}}(s)} = \dfrac{-1.354\,1e-13}{(s+6)(s^2+8s+25)(s^2+6.4s+16)}
\end{cases} \tag{4.140}$$

$$\begin{cases}
\dfrac{\beta(s)}{p_{\mathrm{c}}(s)} \approx \dfrac{0.000\,257\,5(s+305.05)(s+0.55)}{(s+6)(s^2+8s+25)} \\[2mm]
\dfrac{p(s)}{p_{\mathrm{c}}(s)} = \dfrac{6}{s+6} \\[2mm]
\dfrac{\beta(s)}{\beta_{\mathrm{c}}(s)} \approx \dfrac{0.385\,32(s+65.36)}{s^2+8s+25} \\[2mm]
\dfrac{p(s)}{\beta_{\mathrm{c}}(s)} = \dfrac{-0.000\,152\,7(s+391.9)(s+4.09)(s^2+0.82s+9.42)}{(s+8)(s^2+8s+25)(s^2+6.4s+16)}
\end{cases}$$

滚转角速度指令和侧滑角指令跟踪效果如图 4.74 和图 4.75 所示。

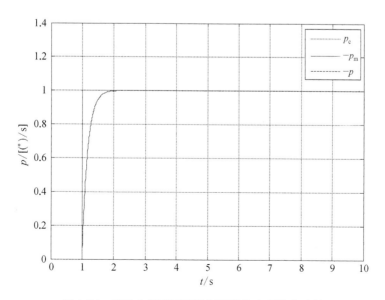

图 4.74 横航向模型跟踪控制滚转角速度跟踪过程

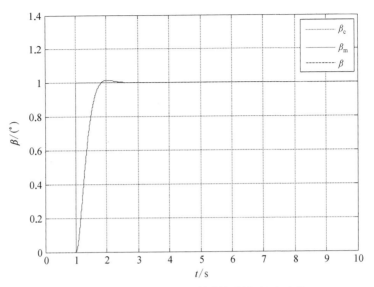

图 4.75　横航向模型跟踪控制侧滑角跟踪过程

可见,在参考模型的动态特性快于增稳后的本机时,仍然能够实现很好的跟踪控制。

3. 横航向跟踪控制(绕速度矢量滚转)

飞机横航向线性化模型如下:

$$
\begin{cases}
\begin{bmatrix} \dot{\beta} \\ \dot{p} \\ \dot{r} \end{bmatrix} =
\begin{bmatrix} \overline{Y}_\beta & \overline{Y}_p & \overline{Y}_r - 1 \\ \overline{L}_\beta & \overline{L}_p & \overline{L}_r \\ \overline{N}_\beta & \overline{N}_p & \overline{N}_r \end{bmatrix}
\begin{bmatrix} \beta \\ p \\ r \end{bmatrix} +
\begin{bmatrix} \overline{Y}_{\delta_a} & \overline{Y}_{\delta_r} \\ \overline{L}_{\delta_a} & \overline{L}_{\delta_r} \\ \overline{N}_{\delta_a} & \overline{N}_{\delta_r} \end{bmatrix}
\begin{bmatrix} \delta_a \\ \delta_r \end{bmatrix} \\
\boldsymbol{y} = \begin{bmatrix} 1 & 0 & 0 \\ 0 & 1 & 0 \\ 0 & 0 & 1 \end{bmatrix}
\begin{bmatrix} \beta \\ p \\ r \end{bmatrix}
\end{cases}
\tag{4.141}
$$

某飞机的横航向线性化模型为

$$
\begin{cases}
\begin{bmatrix} \dot{\beta} \\ \dot{p} \\ \dot{r} \end{bmatrix} =
\begin{bmatrix} -0.322 & 0.0364 & -0.9917 \\ -30.649 & -3.678 & 0.6646 \\ 8.5396 & -0.0254 & -0.4764 \end{bmatrix}
\begin{bmatrix} \beta \\ p \\ r \end{bmatrix} +
\begin{bmatrix} 0 & 0 \\ -0.733 & 0.1315 \\ -0.0319 & -0.062 \end{bmatrix}
\begin{bmatrix} \delta_a \\ \delta_r \end{bmatrix} \\
\boldsymbol{y} = \begin{bmatrix} 1 & 0 & 0 \\ 0 & 1 & 0 \\ 0 & 0 & 1 \end{bmatrix}
\begin{bmatrix} \beta \\ p \\ r \end{bmatrix}
\end{cases}
\tag{4.142}
$$

取参考模型如下：

$$
\begin{cases}
\begin{bmatrix} \dot{\beta}_m \\ \dot{p}_m \\ \dot{r}_m \end{bmatrix} = \begin{bmatrix} -0.322 & 0.036\,4 & -0.991\,7 \\ -0.011\,2 & -1.000\,4 & 0.009\,9 \\ 3.098\,7 & 0.091\,9 & -2.877\,6 \end{bmatrix} \begin{bmatrix} \beta_m \\ p_m \\ r_m \end{bmatrix} + \begin{bmatrix} 0 & 0 \\ -1.000\,1 & 0.014\,4 \\ -0.013\,7 & -4.033\,1 \end{bmatrix} \begin{bmatrix} \delta_a \\ \delta_r \end{bmatrix} \\[8pt]
y_m = \begin{bmatrix} 1 & 0 & 0 \\ 0 & 1 & 0 \end{bmatrix} \begin{bmatrix} \beta_m \\ p_m \\ r_m \end{bmatrix}
\end{cases} \tag{4.143}
$$

即

$$
\begin{cases}
A = \begin{bmatrix} -0.322 & 0.036\,4 & -0.991\,7 \\ -30.649 & -3.678 & 0.664\,6 \\ 8.539\,6 & -0.025\,4 & -0.476\,4 \end{bmatrix}; \ B = \begin{bmatrix} 0 & 0 \\ -0.733 & 0.131\,5 \\ -0.031\,9 & -0.062 \end{bmatrix} \\[8pt]
C = \begin{bmatrix} 1 & 0 & 0 \\ 0 & 1 & 0 \\ 0 & 0 & 1 \end{bmatrix}; \ D = \begin{bmatrix} 0 & 0 \\ 0 & 0 \\ 0 & 0 \end{bmatrix}
\end{cases} \tag{4.144}
$$

$$
\begin{cases}
A_m = \begin{bmatrix} -0.322 & 0.036\,4 & -0.991\,7 \\ -0.011\,2 & -1.000\,4 & 0.009\,9 \\ 3.098\,7 & 0.091\,9 & -2.877\,6 \end{bmatrix}; \ B_m = \begin{bmatrix} 0 & 0 \\ -1.000\,1 & 0.014\,4 \\ -0.013\,7 & -4.033\,1 \end{bmatrix} \\[8pt]
C_m = \begin{bmatrix} 1 & 0 & 0 \\ 0 & 1 & 0 \end{bmatrix}; \ D_m = \begin{bmatrix} 0 & 0 \\ 0 & 0 \end{bmatrix}
\end{cases} \tag{4.145}
$$

参考模型特性如表 4.15 所示。

表 4.15　模型特征根、阻尼比及频率(横航向跟踪控制,绕速度矢量滚转)

特　征　根	阻　尼　比	频率/(rad/s)
$-1.60+1.20i$	0.8	2
$-1.60-1.20i$	0.8	2
-1	1	1

设闭环系统的期望特征值为：$-3.2+2.4i$、$-3.2-2.4i$、-8,即荷兰滚模态的无阻尼自然振荡频率为 4,阻尼比为 0.8,滚转模态特征根为 -8,通过特征结构配置可得

$$
K = \begin{bmatrix} 51.78 & -5.38 & -15.96 \\ 63.38 & 2.85 & -82.20 \end{bmatrix}
$$

相应地可得到

$$
M = \begin{bmatrix} 27.93 & -9.03 & -8.78 \\ 163.41 & 2.84 & -47.16 \end{bmatrix}; \ H = \begin{bmatrix} 1.28 & 10.66 \\ -0.44 & 59.56 \end{bmatrix}
$$

可得系统的阶跃响应如图 4.76 所示。

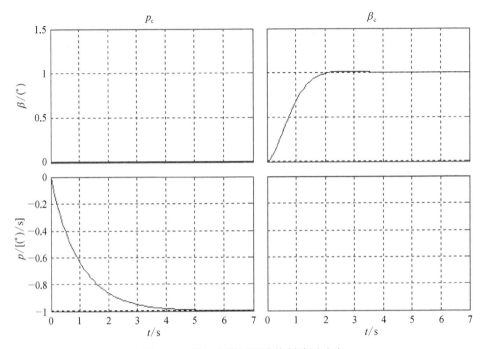

图 4.76　横航向模型跟踪控制阶跃响应

从阶跃响应结果来看,绕速度矢量滚转角速度指令到侧滑角之间的响应可以实现解耦,绕速度矢量滚转角速度指令到绕速度矢量滚转角速度之间为一阶环节,其时间常数为 1 左右,即与参考模型一阶环节的时间常数接近。侧滑角指令到侧滑角的响应为二阶环节,侧滑角到绕速度矢量滚转角速度的响应接近解耦。其伯德图和零极点分布图如图 4.77 和图 4.78 所示。

这是个两输入两输出的系统,其传递函数如下:

$$\begin{cases} \dfrac{\beta(s)}{p_c(s)} = \dfrac{-0.022\,78s(s+8)(s^2+6.4s+16)}{(s+1)(s+8)(s^2+3.2s+4)(s^2+6.4s+16)} \\[3mm] \dfrac{p(s)}{p_c(s)} = \dfrac{-(s+8)(s^2+3.2s+4)(s^2+6.4s+16)}{(s+1)(s+8)(s^2+3.2s+4)(s^2+6.4s+16)} \\[3mm] \dfrac{\beta(s)}{\beta_c(s)} = \dfrac{4(s+8)(s+1)(s^2+6.4s+16)}{(s+1)(s+8)(s^2+3.2s+4)(s^2+6.4s+16)} \\[3mm] \dfrac{p(s)}{\beta_c(s)} = \dfrac{0.014\,38s(s+0.432\,2)(s+8)(s^2+6.4s+16)}{(s+1)(s+8)(s^2+3.2s+4)(s^2+6.4s+16)} \end{cases} \tag{4.146}$$

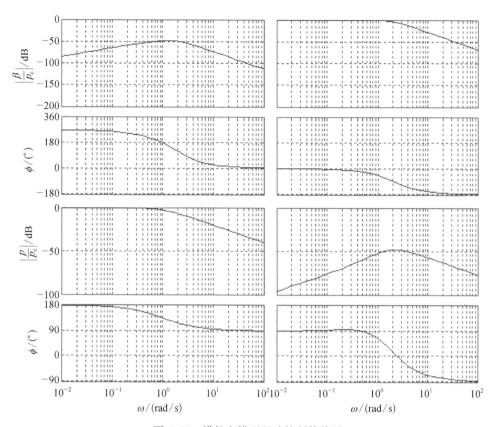

图 4.77　横航向模型跟踪控制伯德图

其最小实现为

$$
\begin{cases}
\dfrac{\beta(s)}{p_{c}(s)} = \dfrac{-0.022\,78s}{(s+1)(s^{2}+3.2s+4)} \\[3mm]
\dfrac{p(s)}{p_{c}(s)} = \dfrac{-1}{s+1} \\[3mm]
\dfrac{\beta(s)}{\beta_{c}(s)} = \dfrac{4}{s^{2}+3.2s+4} \\[3mm]
\dfrac{p(s)}{\beta_{c}(s)} = \dfrac{0.014\,38s(s+0.432\,2)}{(s+1)(s^{2}+3.2s+4)}
\end{cases}
\tag{4.147}
$$

对于滚转角速度指令 p_{c} 输入，$\beta(s)/p_{c}(s)$ 的增益很小，从伯德图上也可以看出这一点；系统有一个位于原点的零点，其动态过程主要取决于参考模型的动态特

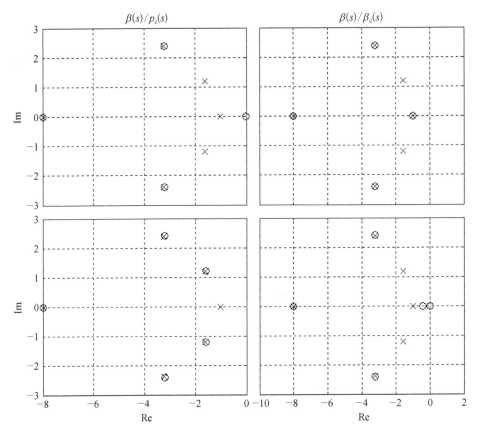

图 4.78　横航向模型跟踪控制零极点分布图

性。$p(s)/p_c(s)$ 主要取决于参考模型实极点,表现为一阶惯性环节。因此 p_c 输入时的响应主要为 p,从阶跃响应过程也可以看出这一点。

对于侧滑角指令 β_c 输入,$\beta(s)/\beta_c(s)$ 的响应特性取决于参考模型的一对共轭极点,$p(s)/\beta_c(s)$ 有一个位于原点的零点和一个靠近原点的负零点,其动态过程取决于参考模型的动态特性。阶跃响应的跟踪过程如图 4.79 和图 4.80 所示。

从阶跃响应的跟踪过程来看,绕速度矢量滚转角速度指令的跟踪效果是比较满意的,但侧滑角指令的跟踪不是很理想。因为侧滑角指令输入时,侧滑角响应是个非最小相位系统,且当参考模型的侧滑角响应越快时,跟踪误差越大。

为了对控制系统的鲁棒性进行研究,假设飞机大横航向参数标称值即摄动范围如表 4.16 所示。

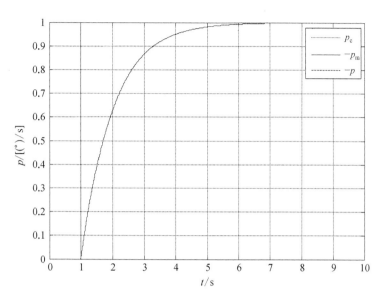

图 4.79　横航向模型跟踪控制绕速度矢量滚转角速度跟踪过程

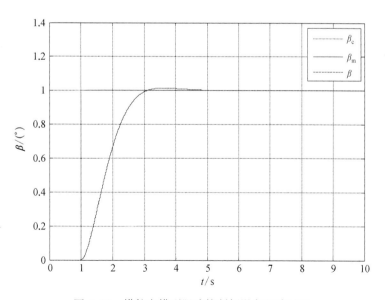

图 4.80　横航向模型跟踪控制侧滑角跟踪过程

表 4.16　本机横航向参数标称值及摄动范围

参　数	标称值及摄动范围	参　数	标称值及摄动范围	参　数	标称值及摄动范围
$\overline{Y}_\beta$	-0.322, $\pm10\%$	$\overline{L}_\beta$	-30.649, $\pm30\%$	$\overline{N}_\beta$	8.5396, $\pm30\%$
$\overline{Y}_p$	0.0364, $\pm10\%$	$\overline{L}_p$	-3.678, $\pm50\%$	$\overline{N}_p$	-0.0254, $\pm50\%$
$\overline{Y}_r$	0.0083, $\pm10\%$	$\overline{L}_r$	0.6646, $\pm50\%$	$\overline{N}_r$	-0.4764, $\pm50\%$
$\overline{Y}_{\delta_a}$	0.001, $\pm10\%$	$\overline{L}_{\delta_a}$	-0.7333, $\pm10\%$	$\overline{N}_{\delta_a}$	-0.0319, $\pm10\%$
$\overline{Y}_{\delta_r}$	0.001, $\pm10\%$	$\overline{L}_{\delta_r}$	0.1315, $\pm10\%$	$\overline{N}_{\delta_r}$	-0.062, $\pm10\%$
ζ	0.7, $[0.6\sim0.8]$	ω_n	30, $[20\sim60]$		

　　将在标称值下设计点反馈参数、前馈参数应用到其他情况下。取参考模型特性如表 4.17 所示。

表 4.17　模型特征根、阻尼比及频率(横航向跟踪控制,绕速度矢量滚转,鲁棒性)

特　征　根	阻　尼　比	频率/(rad/s)
$-1.60+1.20\mathrm{i}$	0.8	2
$-1.60-1.20\mathrm{i}$	0.8	2
-1	1	1

　　闭环系统的期望特征值为$-3.2+2.4\mathrm{i}$、$-3.2-2.4\mathrm{i}$、-8,即荷兰滚模态的无阻尼自然振荡频率为4,阻尼比为0.8,滚转模态特征根为-8,通过特征结构配置可得标称情况下的反馈参数为

$$\boldsymbol{K} = \begin{bmatrix} 53.57 & -5.36 & -15.63 \\ 73.83 & 2.94 & -80.30 \end{bmatrix}$$

前馈参数为

$$\boldsymbol{M} = \begin{bmatrix} 28.83 & -9.01 & -8.28 \\ 168.89 & 2.94 & -44.22 \end{bmatrix};$$

$$\boldsymbol{H} = \begin{bmatrix} 1.27 & 10.58 \\ -0.52 & 59.09 \end{bmatrix}$$

　　将这组控制系统参数应用到系统参数摄动后的情况,阶跃响应如图 4.81~图 4.86 所示。

　　从闭环系统零极点分布看,系统始终是稳定的,从输入/输出通道零极点看,各通道上零点与标称情况下的零点差异比较大,因此系统的阶跃响应可能存在较大稳态误差,这一点由阶跃响应曲线也可以看出。

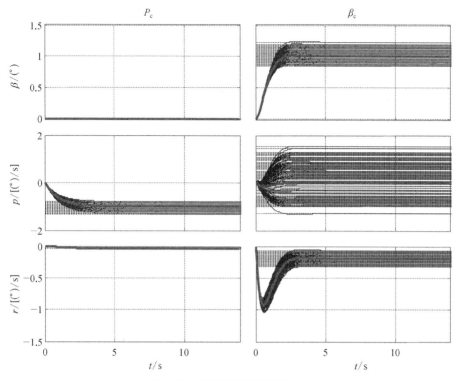

图 4.81　模型摄动下的阶跃响应

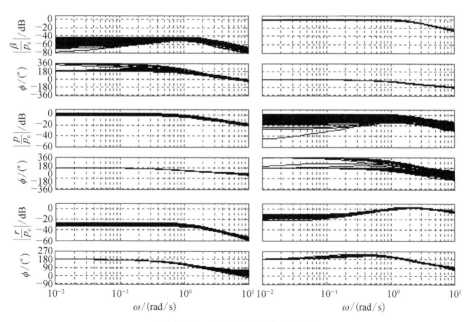

图 4.82　模型摄动下的伯德图

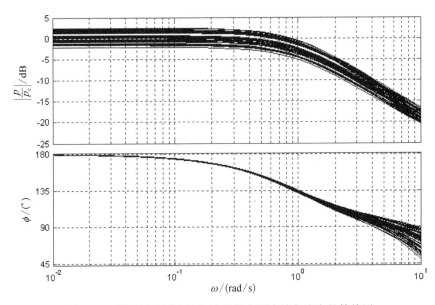

图 4.83 模型摄动下滚转角速度指令到滚转角速度的伯德图

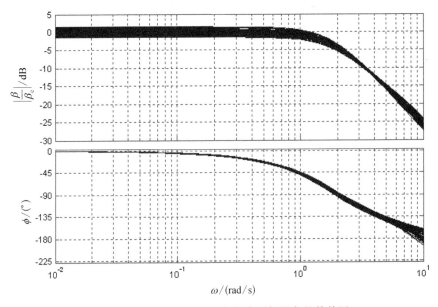

图 4.84 模型摄动下侧滑角指令到侧滑角的伯德图

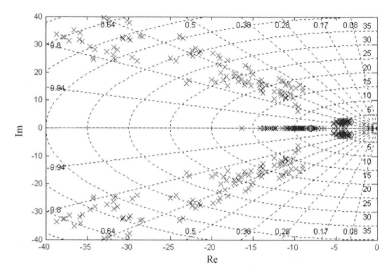

图 4.85　模型摄动下闭环系统的零极点分布

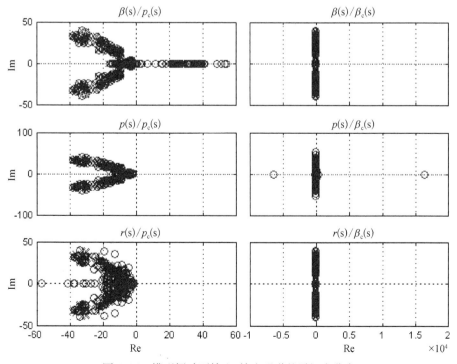

图 4.86　模型摄动下输入/输出通道的零极点分布

4. 横航向模型跟踪控制总结

对于本书中的算例而言,采用两种方式滚转得到的控制基本相同,但绕速度矢量滚转时得到的闭环系统具有解耦特性。比如,在本书中的设计状态,绕体轴滚转的闭环系统 $A - BKC$ 的特征值和特征向量如表 4.18 所示。

表 4.18　绕体轴滚转时的闭环特征根与特征向量

特征值	$\lambda_1 = -3.2000 + 2.4000i$	$\lambda_2 = -3.2000 - 2.4000i$	$\lambda_3 = -8$
特征向量	$\begin{bmatrix} 0.1965 + 0.1639i \\ -0.0047 - 0.0032i \\ 0.9667 \end{bmatrix}$	$\begin{bmatrix} 0.1965 - 0.1639i \\ -0.0047 + 0.0032i \\ 0.9667 \end{bmatrix}$	$\begin{bmatrix} -0.0017 \\ 0.9997 \\ 0.0232 \end{bmatrix}$

绕速度矢量滚转的闭环系统 $A' - B'KC'$ 的特征值和特征向量如表 4.19 所示。

表 4.19　绕速度矢量滚转的闭环特征根与特征向量

特征值	$\lambda_1 = -3.2000 + 2.4000i$	$\lambda_2 = -3.2000 - 2.4000i$	$\lambda_3 = -8$
特征向量	$\begin{bmatrix} 0.1940 + 0.1455i \\ 0.0011 + 0.0067i \\ -0.9701 \end{bmatrix}$	$\begin{bmatrix} 0.1940 - 0.1455i \\ 0.0011 - 0.0067i \\ -0.9701 \end{bmatrix}$	$\begin{bmatrix} -0.0017 \\ 0.9999 \\ 0.0139 \end{bmatrix}$

第5章 非线性模型跟踪控制仿真分析

5.1 刚性飞行器非线性飞行动力学方程

飞行器的动力学方程主要用于描述合外力对质心平动的影响、合外力矩对飞机绕其质心转动运动的影响。可以根据牛顿第二定律和动量矩定理导出[34-36]。

5.1.1 飞行器质心平动的动力学方程

设飞机的绝对速度矢量为 V，飞机对地旋转角速度矢量为 $\boldsymbol{\omega}$，作用在飞机上的合外力为 F，根据牛顿第二定律，可得飞机对地的平动动力学方程为

$$m \frac{\mathrm{d}V}{\mathrm{d}t} = F \tag{5.1}$$

在随飞机运动的任意动坐标系下，其平动动力学方程可表示为

$$m\left(\frac{\delta V}{\delta t} + \boldsymbol{\omega} \times V\right) = F \tag{5.2}$$

将 V、$\boldsymbol{\omega}$ 和 F 分解到给定动坐标系下，则可得到该动坐标系下的飞机的质心动力学方程。质心动力学方程通常在机体坐标系下建立，为此先找出速度 V、角速度 $\boldsymbol{\omega}$ 和合外力 F 在 $Ox_by_bz_b$ 上的投影。速度 V 的投影表示为

$$\begin{bmatrix} V_x \\ V_y \\ V_z \end{bmatrix}_b = \begin{bmatrix} u \\ v \\ w \end{bmatrix}$$

角速度 $\boldsymbol{\omega}$ 的投影表示为

$$\begin{bmatrix} \omega_x \\ \omega_y \\ \omega_z \end{bmatrix}_b = \begin{bmatrix} p \\ q \\ r \end{bmatrix}$$

合外力矢量 F 包括了发动机推力、气动力和重力三个部分。发动机推力 T 位

于飞行器对称平面内,与 Ox_b 轴构成安装角 φ,故其在机体坐标系下的分量可表示为

$$\begin{bmatrix} T_x \\ T_y \\ T_z \end{bmatrix}_b = \begin{bmatrix} T\cos\varphi \\ 0 \\ -T\sin\varphi \end{bmatrix}$$

气动力 $\boldsymbol{A}$ 在 $Ox_b y_b z_b$ 的投影可通过转换矩阵 $\boldsymbol{L}_{ba} = \boldsymbol{L}_{ab}^{\mathrm{T}}$ 得出:

$$\begin{bmatrix} A_x \\ A_y \\ A_z \end{bmatrix}_b = \boldsymbol{L}_{ba} \begin{bmatrix} -D \\ C \\ -L \end{bmatrix} = \begin{bmatrix} -D\cos\alpha\cos\beta - C\cos\alpha\sin\beta + L\sin\alpha \\ -D\sin\beta + C\cos\beta \\ -D\sin\alpha\cos\beta - C\sin\alpha\sin\beta - L\cos\alpha \end{bmatrix}$$

重力 mg 在 $Ox_b y_b z_b$ 的投影,可通过转换矩阵 $\boldsymbol{L}_{bg}$ 得出,即

$$m\begin{bmatrix} g_x \\ g_y \\ g_z \end{bmatrix}_b = m\boldsymbol{L}_{bg}\begin{bmatrix} 0 \\ 0 \\ g \end{bmatrix} = m\begin{bmatrix} -g\sin\theta \\ g\sin\phi\cos\theta \\ g\cos\phi\cos\theta \end{bmatrix}$$

最终得出的机体轴系中质心动力学方程组的标量形式为

$$\begin{cases} \dfrac{\mathrm{d}u}{\mathrm{d}t} = rv - qw + (T\cos\varphi - D\cos\alpha\cos\beta - C\cos\alpha\sin\beta + L\sin\alpha - mg\sin\theta)/m \\[2mm] \dfrac{\mathrm{d}v}{\mathrm{d}t} = pw - ru + (-D\sin\beta + C\cos\beta + mg\sin\phi\cos\theta)/m \\[2mm] \dfrac{\mathrm{d}w}{\mathrm{d}t} = qu - pv(-T\sin\varphi - D\sin\alpha\cos\beta - C\sin\alpha\sin\beta - L\cos\alpha + mg\cos\phi\cos\theta)/m \end{cases}$$

$$(5.3)$$

根据速度 V 在机体坐标系下的分解关系,可得

$$\begin{cases} u = V\cos\alpha\cos\beta \\ v = V\sin\beta \\ w = V\sin\alpha\cos\beta \end{cases} \tag{5.4}$$

从而可以根据机体坐标系下的速度分量导出迎角和侧滑角如下:

$$\begin{cases} V = \sqrt{u^2 + v^2 + w^2} \\ \beta = \mathrm{asin}(v/V) \\ \alpha = \mathrm{atan}(w/u) \end{cases} \tag{5.5}$$

5.1.2　飞行器绕质心转动的动力学方程

由理论力学可知,描述飞行器绕质心的转动动力学,可用动量矩定理来表示,即

$$\frac{\mathrm{d}\boldsymbol{h}}{\mathrm{d}t} = \boldsymbol{M} \tag{5.6}$$

式中, $\boldsymbol{h}$ 为飞行器对坐标系原点的动量矩; $\boldsymbol{M}$ 为作用在飞行器上的外力对质心的合力矩。

在任意动坐标系下,转动动力学方程可表示为

$$\frac{\delta \boldsymbol{h}}{\delta t} + \boldsymbol{\omega} \times \boldsymbol{h} = \boldsymbol{M} \tag{5.7}$$

对于面对称飞行器,在机体坐标系下定义转动惯量矩阵:

$$\boldsymbol{I} = \begin{bmatrix} I_x & 0 & -I_{zx} \\ 0 & I_y & 0 \\ -I_{zx} & 0 & I_z \end{bmatrix} \tag{5.8}$$

从而可得动量矩 $\boldsymbol{h}$ 的表达式如下:

$$\boldsymbol{h} = \boldsymbol{I}\boldsymbol{\omega} \tag{5.9}$$

如果在仿真过程中忽略质量的变化,则转动惯量矩阵为常值矩阵。从而可得机体坐标系下的转动动力学方程如下:

$$\frac{\delta \boldsymbol{\omega}}{\delta t} = \boldsymbol{I}^{-1}(-\boldsymbol{\omega} \times \boldsymbol{I}\boldsymbol{\omega} + \boldsymbol{M}) \tag{5.10}$$

令合外力矩矢量 $\boldsymbol{M}$ 可表示为

$$\boldsymbol{M} = \begin{bmatrix} L \\ M \\ N \end{bmatrix} \tag{5.11}$$

展开后可得机体坐标系下的转动动力学方程的标量形式如下:

$$\begin{cases} \dfrac{\mathrm{d}p}{\mathrm{d}t} = \dfrac{I_z}{I_D}[L + I_{zx}pq - (I_z - I_y)qr] + \dfrac{I_{zx}}{I_D}[N - I_{zx}qr - (I_y - I_x)pq] \\[3mm] \dfrac{\mathrm{d}q}{\mathrm{d}t} = \dfrac{1}{I_y}[M - (I_x - I_z)pr - I_{zx}(p^2 - r^2)] \\[3mm] \dfrac{\mathrm{d}r}{\mathrm{d}t} = \dfrac{I_{zx}}{I_D}[L + I_{zx}pq - (I_z - I_y)qr] + \dfrac{I_x}{I_D}[N - I_{zx}qr - (I_y - I_x)pq] \end{cases}$$

$$(5.12)$$

其中，$I_D = I_x I_z - I_{zx}^2$。

5.2　刚性飞行器非线性运动学方程

飞行器的运动学方程主要用于描述飞行器质心在地面坐标系中的位置和飞行器相对于地面坐标系的姿态。在已知飞行器的速度和角速度的情况下，可以根据运动学关系导出其微分方程。

5.2.1　飞行器质心运动学方程

在已知机体坐标系下的速度分量的情况下，可以根据地面坐标系与机体坐标系之间的关系导出质心在地面坐标系中的位置关系如下：

$$\begin{cases} \dfrac{\mathrm{d}x_g}{\mathrm{d}t} = u\cos\theta\cos\psi + v(\sin\theta\sin\phi\cos\psi - \cos\phi\sin\psi) \\ \qquad\quad + w(\sin\theta\cos\phi\cos\psi + \sin\phi\sin\psi) \\[2mm] \dfrac{\mathrm{d}y_g}{\mathrm{d}t} = u\cos\theta\sin\psi + v(\sin\theta\sin\phi\sin\psi + \cos\phi\cos\psi) \\ \qquad\quad + w(\sin\theta\cos\phi\sin\psi - \sin\phi\cos\psi) \\[2mm] \dfrac{\mathrm{d}z_g}{\mathrm{d}t} = -u\sin\theta + v\sin\phi\cos\theta + w\cos\phi\sin\theta \end{cases}$$

$$(5.13)$$

5.2.2　飞行器绕质心转动运动学方程

飞行器在空间的姿态可通过机体轴系相对地面轴系的三个欧拉角（ϕ、θ、ψ）来表示。飞行过程中欧拉角将随时间变化，其变化规律与飞行器的旋转角速度

$(p、q、r)$ 密切相关。通过找出它们之间的相互关系,得出描述飞行器姿态变化规律的方程,即绕质心转动的运动学方程。

从机体轴系的形成过程可知,ψ 角是由沿 z_g 轴的角速度 $\dot{\psi}$ 形成的;θ 角是由沿 y' 的角速度 $\dot{\theta}$ 形成的,将其沿机体轴系投影为 $[\,0\quad \dot{\theta}\cos\phi\quad -\dot{\theta}\sin\phi\,]^{\mathrm{T}}$;$\phi$ 角是由沿 x_b 轴的角速度 $\dot{\phi}$ 形成的。由此可以写出旋转角速度在机体轴系上的投影为

$$\begin{bmatrix} p \\ q \\ r \end{bmatrix} = \begin{bmatrix} \dot{\phi} \\ 0 \\ 0 \end{bmatrix} + \begin{bmatrix} 0 \\ \dot{\theta}\cos\phi \\ -\dot{\theta}\sin\phi \end{bmatrix} + \boldsymbol{L}_{bg}\begin{bmatrix} 0 \\ 0 \\ \dot{\psi} \end{bmatrix}$$

展开后得

$$\begin{cases} p = \dot{\phi} - \dot{\psi}\sin\theta \\ q = \dot{\theta}\cos\phi + \dot{\psi}\sin\phi\cos\theta \\ r = -\dot{\theta}\sin\phi + \dot{\psi}\cos\phi\cos\theta \end{cases} \tag{5.14}$$

求解结果即为绕质心转动的运动学方程:

$$\begin{cases} \dfrac{\mathrm{d}\phi}{\mathrm{d}t} = p + \tan\theta(q\sin\phi + r\cos\phi) \\[2mm] \dfrac{\mathrm{d}\theta}{\mathrm{d}t} = q\cos\phi - r\sin\phi \\[2mm] \dfrac{\mathrm{d}\psi}{\mathrm{d}t} = (q\sin\phi + r\cos\phi)/\cos\theta \end{cases} \tag{5.15}$$

5.3　线性控制律与非线性系统连接

线性控制律是基于小扰动线性化方程进行设计的,控制律中的反馈量均为扰动增量。在实际应用中,需要将线性控制律接入非线性飞行动力学系统进行仿真验证。非线性仿真时,状态变量都是全量形式。因此,需要对全量状态变量进行处理以提取线性控制律需要的反馈量。

对于横航向控制律,反馈用到的状态变量有 β、p、r,当飞机做定常盘旋时,稳态滚转角速度 p 和偏航角速度 r 均不为零,但滚转角速度 p 通常不大,偏航角速度 r 是比较大的。因此将线性控制律接入非线性飞行动力学系统时,其反馈量 r 应扣除稳态部分。稳态无侧滑盘旋时,机体坐标系下的角速度分量与总的盘旋角速度 Ω 之间的关系为

$$\begin{cases} p = -\Omega\sin\theta \\ q = \Omega\cos\theta\sin\phi \\ r = \Omega\cos\theta\cos\phi \end{cases} \tag{5.16}$$

其中，$\Omega = \dfrac{g\sqrt{n_n^2 - 1}}{V} = \dfrac{g\tan\mu}{V}$，当俯仰角不大且无侧滑时，$\Omega \approx \dfrac{g\tan\phi}{V}$。从而可得定直盘旋时机体坐标系下的旋转角速度稳态分量如下：

$$\begin{cases} p = -\dfrac{g\sqrt{n_n^2 - 1}}{V}\sin\theta \approx -\dfrac{g\tan\phi}{V}\sin\theta \\[4mm] q = \dfrac{g\sqrt{n_n^2 - 1}}{V}\cos\theta\sin\phi \approx \dfrac{g\tan\phi}{V}\cos\theta\sin\phi \\[4mm] r = \dfrac{g\sqrt{n_n^2 - 1}}{V}\cos\theta\cos\phi \approx \dfrac{g}{V}\cos\theta\sin\phi \end{cases} \tag{5.17}$$

其中各变量在定直盘旋状态下取值,输入控制律的角速度为角速度全量扣除稳态分量后的增量形式。

为了改善侧滑角的响应特性,可引入侧滑角的积分控制,根据实际情况调整积分参数即可。

为了检验所设计的模型跟踪控制框架的可行性,以 HARV[36-38] 大迎角研究机为目标机,以 F-16[35,39,40] 为原型机(也叫本机),通过非线性仿真对控制律设计方法进行验证。由于这里主要是对方法进行验证,所以验证过程中仅取了一个状态点进行分析。假设两机的飞行高度和速度一致,取 $H = 3\,048$ m, $V = 100$ m/s,两机初始状态均为定直平飞。取状态变量为

$$\boldsymbol{x} = \begin{bmatrix} V & \beta & \alpha & \varphi & \theta & \psi & p & q & r & x & y & h \end{bmatrix}^{\mathrm{T}} \tag{5.18}$$

各分量分别为速度、侧滑角、迎角、滚转角、俯仰角、偏航角、滚转角速度、俯仰角速度、偏航角速度、x 方向位移、y 方向位移和高度。

取控制变量为

$$\boldsymbol{u} = \begin{bmatrix} \delta_e & \delta_a & \delta_r & \delta_t \end{bmatrix}^{\mathrm{T}} \tag{5.19}$$

各分量分别为升降舵偏角、副翼偏角、方向舵偏角和油门位置。

HARV 飞机的配平状态为

$$\boldsymbol{x} = \begin{bmatrix} 100 & 0 & 0.174 & 0 & 0.174 & 0 & 0 & 0 & 0 & 0 & 0 & 3\,048 \end{bmatrix}^{\mathrm{T}} \tag{5.20}$$

HARV 飞机的操纵面配平值为

$$\boldsymbol{u} = \begin{bmatrix} 0.138\,6 & 0 & 0 & 0.116 \end{bmatrix}^{\mathrm{T}} \tag{5.21}$$

在进行控制律仿真验证时,系统输出的全量状态变量与基准量(对应初始配平状态)作差后反馈给线性控制系统,控制律输出的控制量加上基准控制量(对应初始配平状态)后作为非线性飞机的输入量,然后进行六自由度仿真计算。中间还要考虑舵机的非线性特性,如速率限制、位置包含限制。升降舵、副翼和方向舵采用的二阶非线性舵机模型如图 5.1 所示。

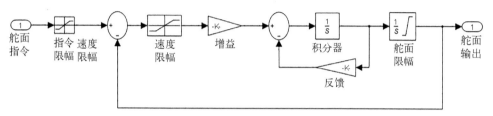

图 5.1　二阶非线性舵机模型

5.4　纵向非线性模型跟踪控制律仿真

对于纵向模型跟踪,主要讨论迎角跟踪、俯仰角速度跟踪和过载跟踪三种情况。参考模型都可以取为二阶短周期模型。对于迎角跟踪、俯仰角速度跟踪情况,其动力学特性主要取决于系统矩阵 $\boldsymbol{A}$ 和输入矩阵 $\boldsymbol{B}$。如果 $\boldsymbol{A}$ 和 $\boldsymbol{B}$ 发生变化,其特性将发生变化。根据飞机短周期的运动方程,可得

$$\begin{bmatrix} \dot{\alpha} \\ \dot{q} \end{bmatrix} = \begin{bmatrix} -Z_\alpha & Z_q \\ M_\alpha & M_q \end{bmatrix} \begin{bmatrix} \alpha \\ q \end{bmatrix} + \begin{bmatrix} Z_{\delta_e} \\ M_{\delta_e} \end{bmatrix} \delta_e \tag{5.22}$$

取纵向输出量为

$$\begin{bmatrix} \alpha \\ q \\ n_z \end{bmatrix} = \begin{bmatrix} 1 & 0 \\ 0 & 1 \\ n_{z\alpha} & n_{zq} \end{bmatrix} \begin{bmatrix} \alpha \\ q \end{bmatrix} + \begin{bmatrix} 0 \\ 0 \\ n_{z\delta_e} \end{bmatrix} \delta_e \tag{5.23}$$

5.4.1　迎角跟踪控制律仿真

1. 线性迎角跟踪控制律仿真

F - 16 飞机在高度 3 048 m、速度 100 m/s 定直平飞的短周期线性化模型为

$$\begin{cases} \begin{bmatrix} \dot{\alpha} \\ \dot{q} \end{bmatrix} = \begin{bmatrix} -0.5160 & 0.99291 \\ 0.5545 & -0.5975 \end{bmatrix} \begin{bmatrix} \alpha \\ q \end{bmatrix} + \begin{bmatrix} -0.0755 \\ -3.2640 \end{bmatrix} \delta_{e} \\ y = \begin{bmatrix} 1 & 0 \end{bmatrix} \begin{bmatrix} \alpha \\ q \end{bmatrix} \end{cases} \tag{5.24}$$

HARV 飞机在高度 3 048 m、速度 100 m/s 定直平飞的短周期线性化模型为

$$\begin{cases} \begin{bmatrix} \dot{\alpha}_{m} \\ \dot{q}_{m} \end{bmatrix} = \begin{bmatrix} -0.5957 & 0.9934 \\ -0.5069 & -0.1922 \end{bmatrix} \begin{bmatrix} \alpha_{m} \\ q_{m} \end{bmatrix} + \begin{bmatrix} -0.0850 \\ -2.3178 \end{bmatrix} \alpha_{c} \\ y_{m} = \begin{bmatrix} 1 & 0 \end{bmatrix} \begin{bmatrix} \alpha_{m} \\ q_{m} \end{bmatrix} \end{cases} \tag{5.25}$$

以 F-16 为本机,HARV 飞机为目标机,采用模型跟踪方法进行迎角跟踪控制。即

$$\boldsymbol{A} = \begin{bmatrix} -0.5160 & 0.99291 \\ 0.5545 & -0.5975 \end{bmatrix}; \boldsymbol{B} = \begin{bmatrix} -0.0755 \\ -3.2640 \end{bmatrix}; \boldsymbol{C} = \begin{bmatrix} 1 & 0 \end{bmatrix}; \boldsymbol{D} = 0 \tag{5.26}$$

$$\boldsymbol{A}_{m} = \begin{bmatrix} -0.5957 & 0.9934 \\ -0.5069 & -0.1922 \end{bmatrix}; \boldsymbol{B}_{m} = \begin{bmatrix} -0.0850 \\ -2.3178 \end{bmatrix}; \boldsymbol{C}_{m} = \begin{bmatrix} 1 & 0 \end{bmatrix}; \boldsymbol{D}_{m} = 0 \tag{5.27}$$

参考模型特性如表 5.1 所示。

表 5.1　模型特征根、阻尼比及频率(线性迎角跟踪控制)

特　征　根	阻　尼　比	频率/(rad/s)
-0.394+0.68i	0.501	0.786
-0.394-0.68i	0.501	0.786

设闭环系统的期望特征值为-1.6+1.2i、-1.6-1.2i、-1.6,即短周期模态的无阻尼自然振荡频率为 2,阻尼比为 0.8,积分模态特征根为-1.6,通过特征结构配置可得

$$\boldsymbol{K} = \begin{bmatrix} -2.3769 & -1.0745 \end{bmatrix}; J = 2.0795$$

相应地可得

$$\boldsymbol{M} = \begin{bmatrix} -2.0513 & -1.1990 \end{bmatrix}; H = -0.1893$$

可得迎角的阶跃响应如图 5.2 所示。

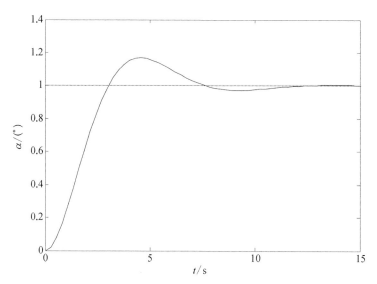

图 5.2　迎角跟踪阶跃响应

伯德图如图 5.3 所示。

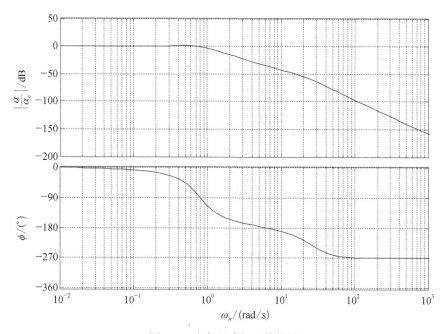

图 5.3　迎角跟踪闭环伯德图

零极点分布如图 5.4 所示。

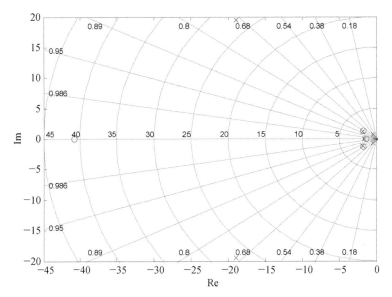

图 5.4　迎角跟踪零极点分布图

可见,通过前馈和反馈作用,构造出了三个零点,基本将被控对象(增稳后的本机)的极点对消掉,只剩下参考模型的极点,从而整个系统的响应特性与参考模型(目标机)的特性非常接近。Simulink 仿真框图如图 5.5 所示。

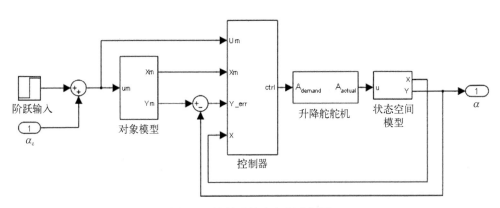

图 5.5　线性系统迎角跟踪框图

线性迎角跟踪器的 Simulink 仿真框图如图 5.6 所示。

1°迎角阶跃输入情况下,本机跟踪目标机的过程如图 5.7 所示。

可以看出,本机迎角与目标机迎角的跟踪误差非常小,几乎重合,本机与目标机角速度有一些差异,整个过程中,度面偏角很小。

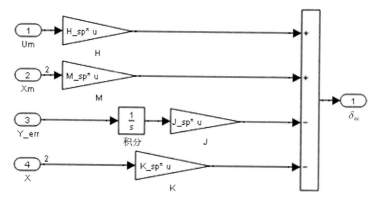

图 5.6　线性迎角跟踪控制器的 Simulink 框图

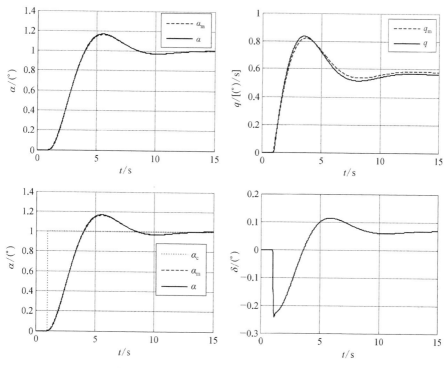

图 5.7　线性迎角跟踪控制下的跟踪响应过程

2. 非线性迎角跟踪控制律仿真

采用与线性迎角跟踪控制律仿真相同的目标机参考模型、控制器和本机初始状态,引入舵机非线性环节,本机模型为六自由度非线性飞行动力学模型,对应的 Simulink 模型如图 5.8 和图 5.9 所示。

1°迎角阶跃输入情况下,本机跟踪目标机的过程(迎角增量)如图 5.10 所示。

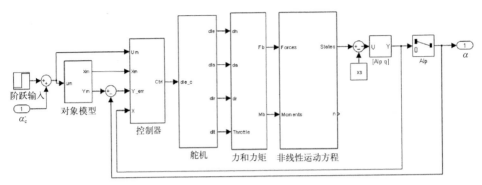

图 5.8　非线性系统迎角跟踪的 Simulink 框图

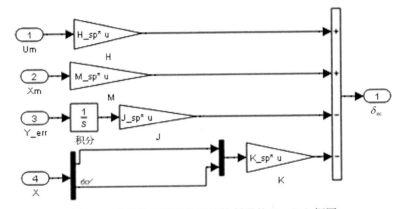

图 5.9　非线性系统迎角跟踪控制器的 Simulink 框图

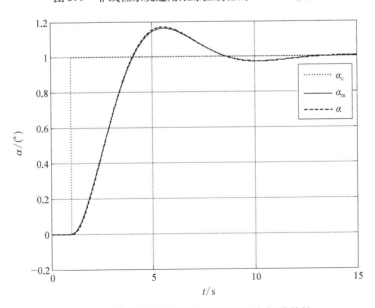

图 5.10　非线性迎角跟踪控制下的迎角跟踪特性

可以看出,本机迎角与目标机迎角的跟踪误差非常小,几乎重合。整个跟踪过程中,其他状态量和控制量(全量)如图 5.11 所示。

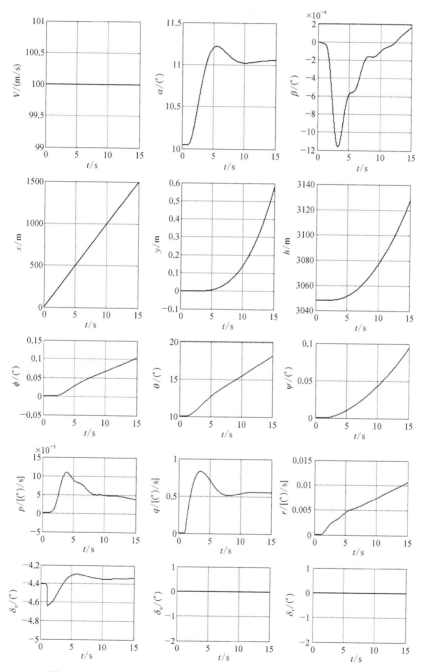

图 5.11 非线性迎角跟踪控制下的状态和操纵面时间历程曲线

可见,在速度不变的情况下,进行迎角跟踪时,横航向状态变化非常小,主要是纵向状态在变化,且都趋于稳定。

5.4.2　俯仰角速度跟踪控制律仿真

1. 线性俯仰角速度跟踪控制律仿真

F-16 飞机在高度 3 048 m、速度 100 m/s 定直平飞的短周期线性化模型为

$$\begin{cases} \begin{bmatrix} \dot{\alpha} \\ \dot{q} \end{bmatrix} = \begin{bmatrix} -0.516\,0 & 0.992\,91 \\ 0.554\,5 & -0.597\,5 \end{bmatrix} \begin{bmatrix} \alpha \\ q \end{bmatrix} + \begin{bmatrix} -0.075\,5 \\ -3.264\,0 \end{bmatrix} \delta_e \\ y = \begin{bmatrix} 0 & 1 \end{bmatrix} \begin{bmatrix} \alpha \\ q \end{bmatrix} \end{cases} \tag{5.28}$$

HARV 飞机在高度 3 048 m、速度 100 m/s 定直平飞的短周期线性化模型为

$$\begin{cases} \begin{bmatrix} \dot{\alpha}_m \\ \dot{q}_m \end{bmatrix} = \begin{bmatrix} -0.595\,7 & 0.993\,4 \\ -0.506\,9 & -0.192\,2 \end{bmatrix} \begin{bmatrix} \alpha_m \\ q_m \end{bmatrix} + \begin{bmatrix} -0.085\,0 \\ -2.317\,8 \end{bmatrix} \alpha_c \\ y_m = \begin{bmatrix} 0 & 1 \end{bmatrix} \begin{bmatrix} \alpha_m \\ q_m \end{bmatrix} \end{cases} \tag{5.29}$$

以 F-16 为本机,HARV 飞机为目标机,采用模型跟踪方法进行俯仰角速度跟踪控制。即

$$\boldsymbol{A} = \begin{bmatrix} -0.516\,0 & 0.992\,91 \\ 0.554\,5 & -0.597\,5 \end{bmatrix}; \boldsymbol{B} = \begin{bmatrix} -0.075\,5 \\ -3.264\,0 \end{bmatrix}; \boldsymbol{C} = \begin{bmatrix} 0 & 1 \end{bmatrix}; \boldsymbol{D} = 0 \tag{5.30}$$

$$\boldsymbol{A}_m = \begin{bmatrix} -0.595\,7 & 0.993\,4 \\ -0.506\,9 & -0.192\,2 \end{bmatrix}; \boldsymbol{B}_m = \begin{bmatrix} -0.085\,0 \\ -2.317\,8 \end{bmatrix}; \boldsymbol{C}_m = \begin{bmatrix} 0 & 1 \end{bmatrix}; \boldsymbol{D}_m = 0 \tag{5.31}$$

参考模型特性如表 5.2 所示。

表 5.2　模型特征根、阻尼比及频率(线性俯仰角速度跟踪控制)

特征根	阻尼比	频率/(rad/s)
-0.394+0.68i	0.501	0.786
-0.394-0.68i	0.501	0.786

设闭环系统的期望特征值为-1.6+1.2i,-1.6-1.2i,-1.6,即短周期模态的无阻尼自然振荡频率为2,阻尼比为0.8,积分模态特征根为-1.6,通过特征结构配置

可得 $K = [1.5554 \quad -1.1654]$，$J = 3.7078$。相应地可得到 $M = [1.8810 \\ -1.2900]$，$H = -0.3282$。可得俯仰角速度的阶跃响应如图 5.12 所示。

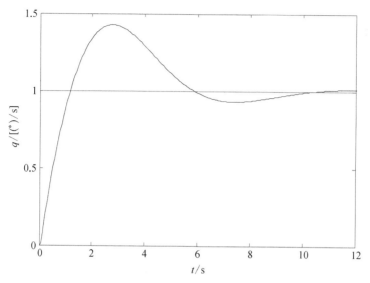

图 5.12 俯仰角速度跟踪阶跃响应

伯德图如图 5.13 所示。

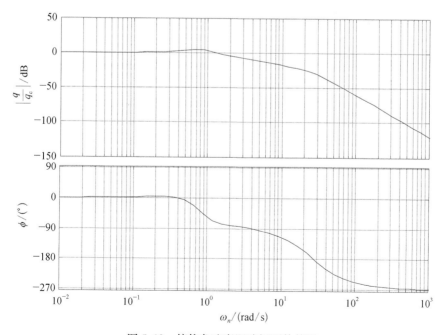

图 5.13 俯仰角速度跟踪闭环伯德图

零极点分布如图 5.14 所示。

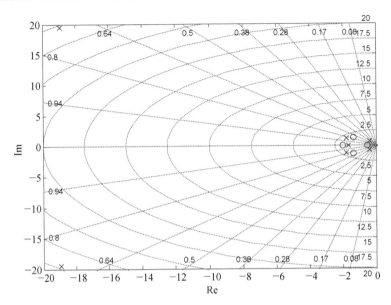

图 5.14　俯仰角速度跟踪零极点分布图

可见,通过前馈和反馈作用,构造出了三个零点,这三个零点与被控对象(增稳后的本机)的极点非常接近,使得整个系统的主导极点为参考模型的极点,从而整个系统的响应特性与参考模型(目标机)的特性非常相似。Simulink 仿真框图如图 5.15 所示。

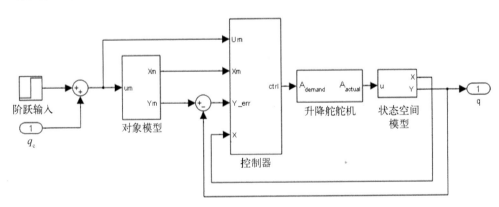

图 5.15　线性系统俯仰角速度跟踪的 Simulink 框图

线性俯仰角速度跟踪控制器的 Simulink 仿真框图如图 5.16 所示。

单位俯仰角速度阶跃输入情况下,本机跟踪目标机的过程如图 5.17 所示。

可以看出,本机俯仰角速度与目标机俯仰角速度的跟踪误差非常小,几乎重合,本机与目标机迎角有一些差异,整个过程中,度面偏角很小。

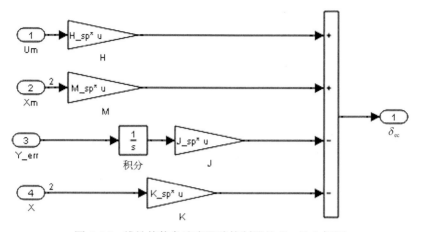

图 5.16　线性俯仰角速度跟踪控制器的 Simulink 框图

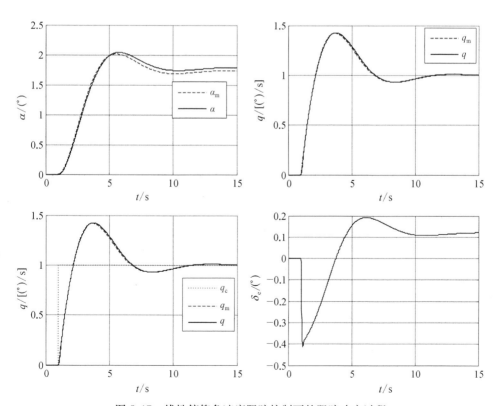

图 5.17　线性俯仰角速度跟踪控制下的跟踪响应过程

2. 非线性俯仰角速度跟踪控制律仿真

采用与线性俯仰角速度跟踪控制律仿真相同的目标机参考模型、控制器和本机初始状态,引入舵机非线性环节,本机模型为六自由度非线性飞行动力学模型,对应的 Simulink 模型如图 5.18 所示。

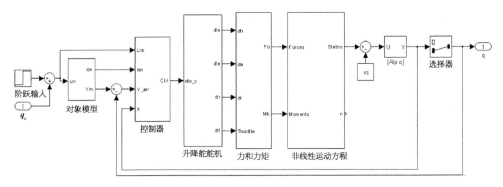

图 5.18　非线性系统俯仰角速度跟踪的 Simulink 框图

非线性系统俯仰角速度跟踪控制器的 Simulink 仿真框图如图 5.19 所示。

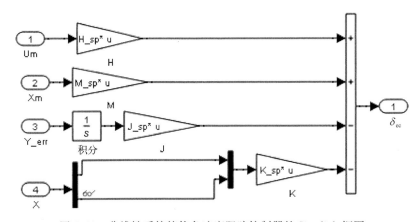

图 5.19　非线性系统俯仰角速度跟踪控制器的 Simulink 框图

单位俯仰角速度阶跃输入情况下,本机跟踪目标机的过程如图 5.20 所示。

可以看出,本机俯仰角速度与目标机俯仰角速度的跟踪误差非常小,几乎重合。整个跟踪过程中,其他状态量和控制量如图 5.21 所示。

可见,在速度不变的情况下,进行俯仰角速度跟踪时,横航向状态变化非常小,主要是纵向状态在变化,且都趋于稳定。

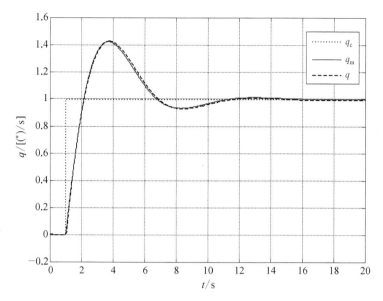

图 5.20 非线性俯仰角速度跟踪控制下的俯仰角速度跟踪特性

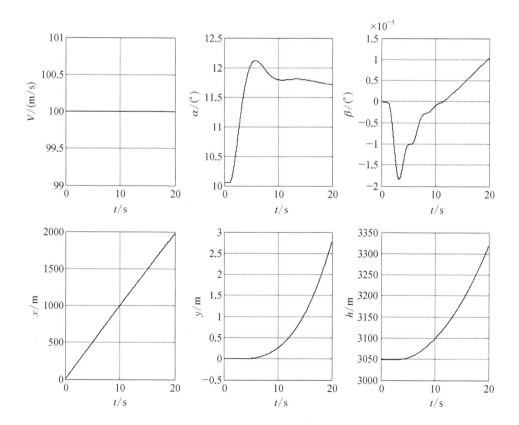

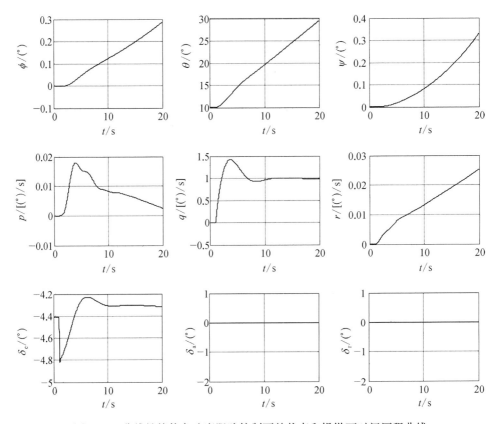

图 5.21　非线性俯仰角速度跟踪控制下的状态和操纵面时间历程曲线

5.4.3　过载跟踪控制

1.　线性过载跟踪控制律仿真

F－16 飞机在高度 3 048 m、速度 100 m/s 定直平飞的短周期线性化模型为

$$
\begin{cases}
\begin{bmatrix} \dot{\alpha} \\ \dot{q} \end{bmatrix} = \begin{bmatrix} -0.516\,0 & 0.992\,91 \\ 0.554\,5 & -0.597\,5 \end{bmatrix} \begin{bmatrix} \alpha \\ q \end{bmatrix} + \begin{bmatrix} -0.075\,5 \\ -3.264\,0 \end{bmatrix} \delta_e \\[2mm]
y = n_z = \begin{bmatrix} Z_\alpha V/g & Z_q V/g \end{bmatrix} \begin{bmatrix} \alpha \\ q \end{bmatrix} + V/g Z_{\delta_e} \delta_e \\[2mm]
\quad = \begin{bmatrix} 5.095\,2 & 0.723\,4 \end{bmatrix} \begin{bmatrix} \alpha \\ q \end{bmatrix} + 0.770\,9 \delta_e
\end{cases}
\tag{5.32}
$$

HARV 飞机在高度 3 048 m、速度 100 m/s 定直平飞的短周期线性化模型为

$$\begin{cases} \begin{bmatrix} \dot{\alpha}_m \\ \dot{q}_m \end{bmatrix} = \begin{bmatrix} -0.595\,7 & 0.993\,4 \\ -0.506\,9 & -0.192\,2 \end{bmatrix} \begin{bmatrix} \alpha_m \\ q_m \end{bmatrix} + \begin{bmatrix} -0.085\,0 \\ -2.317\,8 \end{bmatrix} \alpha_c \\ \\ y_m = n_{zm} = \begin{bmatrix} Z_\alpha V/g & Z_q V/g \end{bmatrix} \begin{bmatrix} \alpha_m \\ q_m \end{bmatrix} + V/g Z_{\delta_e} \delta_{em} \qquad (5.33) \\ \\ \quad = \begin{bmatrix} 6.079\,8 & 0.067\,5 \end{bmatrix} \begin{bmatrix} \alpha_m \\ q_m \end{bmatrix} + 0.867\,6 \delta_{em} \end{cases}$$

以 F-16 为本机,HARV 飞机为目标机,采用模型跟踪方法进行过载跟踪控制。即

$$A = \begin{bmatrix} -0.516\,0 & 0.992\,91 \\ 0.554\,5 & -0.597\,5 \end{bmatrix}; B = \begin{bmatrix} -0.075\,5 \\ -3.264\,0 \end{bmatrix}$$

$$C = \begin{bmatrix} 5.095\,2 & 0.723\,4 \end{bmatrix}; D = 0.770\,9 \qquad (5.34)$$

$$A_m = \begin{bmatrix} -0.595\,7 & 0.993\,4 \\ -0.506\,9 & -0.192\,2 \end{bmatrix}; B_m = \begin{bmatrix} -0.085\,0 \\ -2.317\,8 \end{bmatrix}$$

$$C_m = \begin{bmatrix} 6.079\,8 & 0.067\,5 \end{bmatrix}; D_m = 0.867\,6 \qquad (5.35)$$

参考模型特性如表 5.3 所示。

表 5.3　模型特征根、阻尼比及频率(线性过载跟踪控制)

特 征 根	阻 尼 比	频率/(rad/s)
−0.394+0.68i	0.501	0.786
−0.394−0.68i	0.501	0.786

设闭环系统的期望特征值为−1.6+1.2i,−1.6−1.2i,−1.6,即短周期模态的无阻尼自然振荡频率为 2,阻尼比为 0.8,积分模态特征根为−1.6,通过特征结构配置可得 $K = \begin{bmatrix} -2.086\,8 & -1.081\,2 \end{bmatrix}$, $J = 0.378$。相应地可得到 $M = \begin{bmatrix} -1.761\,3 & -1.205\,7 \end{bmatrix}$, $H = -0.031\,0$。可得过载的阶跃响应如图 5.22 所示。

伯德图如图 5.23 所示。

零极点分布如图 5.24 所示。

可见,通过前馈和反馈作用,构造出了三个零点,这三个零点与被控对象(增稳后的本机)的极点非常接近,使得参考模型的极点成为整个系统的主导极点,从而整个系统的响应特性与参考模型(目标机)的特性非常接近。Simulink 仿真框图如图 5.25 所示。

线性过载跟踪控制器的 Simulink 仿真框图如图 5.26 所示。

单位过载阶跃输入情况下,本机跟踪目标机的过程如图 5.27 所示。

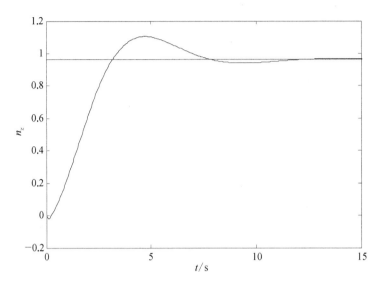

图 5.22　过载跟踪阶跃响应

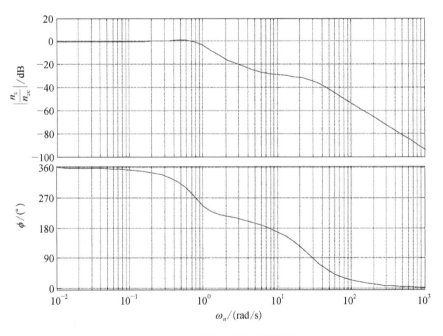

图 5.23　过载跟踪闭环伯德图

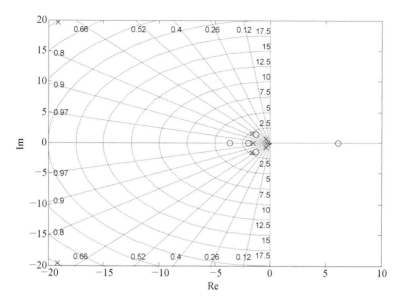

图 5.24　过载跟踪零极点分布图

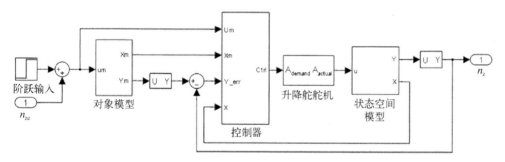

图 5.25　线性系统过载跟踪的 Simulink 框图

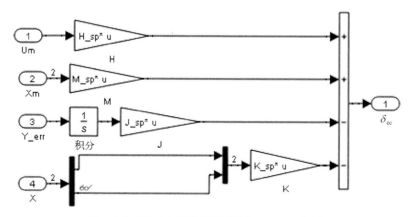

图 5.26　线性过载跟踪控制器的 Simulink 框图

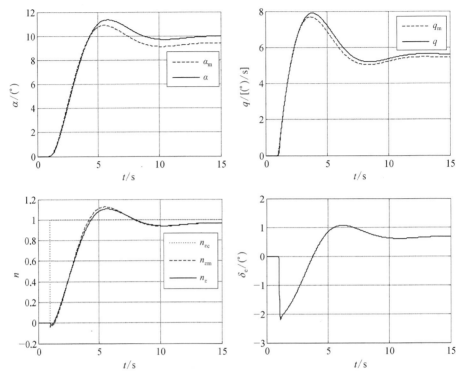

图 5.27　线性过载跟踪控制下的跟踪响应过程

　　可以看出,本机过载与目标机过载的跟踪误差非常小,几乎重合,本机与目标机迎角与角速度有一些差异,整个过程中,度面偏角很小。

　　2. 非线性过载跟踪控制律仿真

　　采用与线性过载跟踪控制律仿真相同的目标机参考模型、控制器和本机初始状态,引入舵机非线性环节,本机模型为六自由度非线性飞行动力学模型,对应的 Simulink 模型如图 5.28 所示。

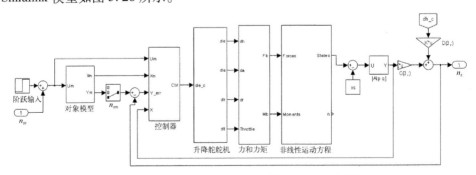

图 5.28　非线性系统过载跟踪的 Simulink 框图

非线性系统过载跟踪控制器的 Simulink 仿真框图如图 5.29 所示。

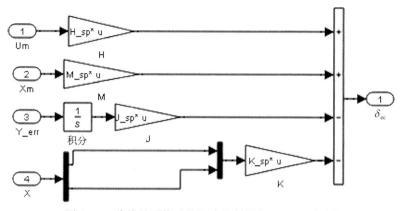

图 5.29　非线性系统过载跟踪控制器的 Simulink 框图

单位过载阶跃输入情况下,本机跟踪目标机的过程如图 5.30 所示。

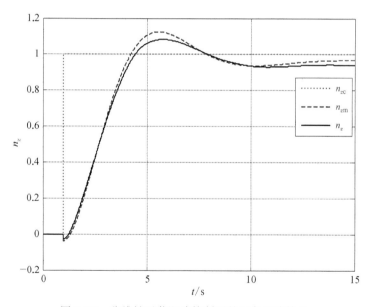

图 5.30　非线性过载跟踪控制下的迎角跟踪特性

　　可以看出,本机过载与目标机过载的跟踪有一定误差,但动态过程的响应速度相当,最大值和稳态值有一定误差。整个跟踪过程中,其他状态量和控制量如图 5.31 所示。

　　可见,在速度不变的情况下,进行过载跟踪时,横航向状态变化非常小,主要是纵向状态在变化。由于拉过载产生了一个上仰角速度,机头一直上仰,如果长时间进行仿真,当俯仰角达到 90 度时可能出现欧拉角运动方程奇异现象,从而造成滚转角和偏航角突变的情况。

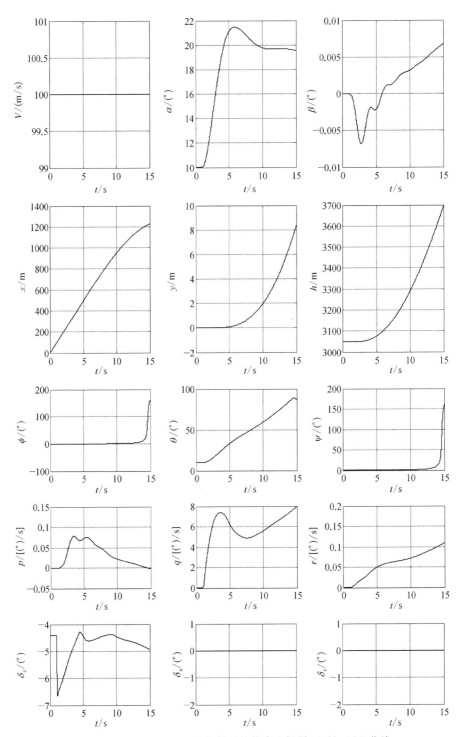

图 5.31　非线性过载跟踪控制下的状态和操纵面时间历程曲线

5.4.4　纵向模型跟踪控制总结

在取参考模型系统矩阵和输入矩阵如下：

$$\boldsymbol{A}_{\mathrm{m}} = \begin{bmatrix} -0.595\,7 & 0.993\,4 \\ -0.506\,9 & -0.192\,2 \end{bmatrix}; \ \boldsymbol{B}_{\mathrm{m}} = \begin{bmatrix} -0.085\,0 \\ -2.317\,8 \end{bmatrix} \quad (5.36)$$

参考模型特性如表 5.4 所示。

表 5.4　模型特征根、阻尼比及频率（纵向跟踪控制，线性与非线性）

特　征　根	阻　尼　比	频率/(rad/s)
−0.394+0.68i	0.501	0.786
−0.394−0.68i	0.501	0.786

设闭环系统的期望特征值为−1.6+1.2i，−1.6−1.2i，−1.6，即短周期模态的无阻尼自然振荡频率为 2，阻尼比为 0.8，积分模态特征根为−1.6，迎角跟踪控制、俯仰角速度跟踪控制和过载跟踪控制的控制律参数汇总如表 5.5 所示。

表 5.5　不同控制模式下控制律参数（纵向跟踪控制，线性与非线性）

跟踪方式	反馈参数	积分参数	输入前馈参数	模型状态前馈参数
迎角跟踪	$K = \begin{bmatrix} -2.376\,9 & -1.074\,5 \end{bmatrix}$	$J = 2.079\,5$	$H = -0.189\,3$	$M = \begin{bmatrix} -2.051\,3 & -1.199\,0 \end{bmatrix}$
俯仰角速度跟踪	$K = \begin{bmatrix} 1.555\,4 & -1.165\,4 \end{bmatrix}$	$J = 3.707\,8$	$H = -0.328\,2$	$M = \begin{bmatrix} 1.881\,0 & -1.290\,0 \end{bmatrix}$
过载跟踪	$K = \begin{bmatrix} -2.086\,8 & -1.081\,2 \end{bmatrix}$	$J = 0.378$	$H = -0.031\,0$	$M = \begin{bmatrix} -1.761\,3 & -1.205\,7 \end{bmatrix}$

总体上，三种跟踪方案都能够较好地跟踪目标机指令，迎角跟踪和俯仰角速度跟踪无论是线性系统还是非线性系统都有很好的效果，且非线性系统与线性系统的差别不大。过载跟踪时，线性系统跟踪效果很好，但非线性系统跟踪效果要差一些，不过，本机与目标机过载响应的差别主要出现在响应的最大值和稳态值上，响应的动态过程非常接近。

在进行迎角和过载跟踪控制时，进入稳态后还存在上仰角速度，这会造成机头一直上仰问题。

5.5　横航向非线性模型跟踪控制律仿真

5.5.1　横航向线性跟踪控制律仿真

在进行横航向控制律设计时，取飞机横航向线性化模型如下：

$$\begin{cases} \begin{bmatrix} \dot{\beta} \\ \dot{p} \\ \dot{r} \end{bmatrix} = \begin{bmatrix} \overline{Y}_{\beta} & \overline{Y}_{p} & \overline{Y}_{r}-1 \\ \overline{L}_{\beta} & \overline{L}_{p} & \overline{L}_{r} \\ \overline{N}_{\beta} & \overline{N}_{p} & \overline{N}_{r} \end{bmatrix} \begin{bmatrix} \beta \\ p \\ r \end{bmatrix} + \begin{bmatrix} \overline{Y}_{\delta_{a}} & \overline{Y}_{\delta_{r}} \\ \overline{L}_{\delta_{a}} & \overline{L}_{\delta_{r}} \\ \overline{N}_{\delta_{a}} & \overline{N}_{\delta_{r}} \end{bmatrix} \begin{bmatrix} \delta_{a} \\ \delta_{r} \end{bmatrix} \\[4mm] \boldsymbol{y} = \begin{bmatrix} 1 & 0 & 0 \\ 0 & 1 & 0 \\ 0 & 0 & 1 \end{bmatrix} \begin{bmatrix} \beta \\ p \\ r \end{bmatrix} \end{cases} \tag{5.37}$$

F-16 飞机横航向线性化模型为

$$\begin{cases} \begin{bmatrix} \dot{\beta} \\ \dot{p} \\ \dot{r} \end{bmatrix} = \begin{bmatrix} -0.1488 & 0.1764 & -0.9785 \\ -16.6103 & -1.6740 & 0.8173 \\ 2.1121 & -0.0458 & -0.2176 \end{bmatrix} \begin{bmatrix} \beta \\ p \\ r \end{bmatrix} + \begin{bmatrix} 0.0089 & 0.0206 \\ -12.9044 & 2.1944 \\ -0.5473 & -1.1008 \end{bmatrix} \begin{bmatrix} \delta_{a} \\ \delta_{r} \end{bmatrix} \\[4mm] \boldsymbol{y} = \begin{bmatrix} 1 & 0 & 0 \\ 0 & 1 & 0 \\ 0 & 0 & 1 \end{bmatrix} \begin{bmatrix} \beta \\ p \\ r \end{bmatrix} \end{cases} \tag{5.38}$$

HARV 飞机横航向线性化模型如下:

$$\begin{cases} \begin{bmatrix} \dot{\beta}_{m} \\ \dot{p}_{m} \\ \dot{r}_{m} \end{bmatrix} = \begin{bmatrix} -0.1114 & 0.1731 & -0.9834 \\ -6.8214 & -1.2764 & 0.6870 \\ 0.8882 & -0.0087 & -0.0857 \end{bmatrix} \begin{bmatrix} \beta_{m} \\ p_{m} \\ r_{m} \end{bmatrix} + \begin{bmatrix} -0.0025 & 0.0218 \\ 4.1044 & 0.6444 \\ -0.0657 & -0.5102 \end{bmatrix} \begin{bmatrix} \delta_{a} \\ \delta_{r} \end{bmatrix} \\[4mm] \boldsymbol{y}_{m} = \begin{bmatrix} 1 & 0 & 0 \\ 0 & 1 & 0 \end{bmatrix} \begin{bmatrix} \beta_{m} \\ p_{m} \\ r_{m} \end{bmatrix} \end{cases} \tag{5.39}$$

即

$$\begin{cases} \boldsymbol{A} = \begin{bmatrix} -0.1488 & 0.1764 & -0.9785 \\ -16.6103 & -1.6740 & 0.8173 \\ 2.1121 & -0.0458 & -0.2176 \end{bmatrix}; \boldsymbol{B} = \begin{bmatrix} 0.0089 & 0.0206 \\ -12.9044 & 2.1944 \\ -0.5473 & -1.1008 \end{bmatrix} \\[4mm] \boldsymbol{C} = \begin{bmatrix} 1 & 0 & 0 \\ 0 & 1 & 0 \\ 0 & 0 & 1 \end{bmatrix}; \boldsymbol{D} = \begin{bmatrix} 0 & 0 \\ 0 & 0 \\ 0 & 0 \end{bmatrix} \end{cases} \tag{5.40}$$

$$
\begin{cases}
\boldsymbol{A}_{\mathrm{m}} = \begin{bmatrix} -0.111\,4 & 0.173\,1 & -0.983\,4 \\ -6.821\,4 & -1.276\,4 & 0.687\,0 \\ 0.888\,2 & -0.008\,7 & -0.085\,7 \end{bmatrix}; \quad \boldsymbol{B}_{\mathrm{m}} = \begin{bmatrix} -0.002\,5 & 0.021\,8 \\ 4.104\,4 & 0.644\,4 \\ -0.065\,7 & -0.510\,2 \end{bmatrix} \\[4mm]
\boldsymbol{C}_{\mathrm{m}} = \begin{bmatrix} 1 & 0 & 0 \\ 0 & 1 & 0 \end{bmatrix}; \quad \boldsymbol{D}_{\mathrm{m}} = \begin{bmatrix} 0 & 0 \\ 0 & 0 \end{bmatrix}
\end{cases}
\tag{5.41}
$$

参考模型特性如表 5.6 所示。

表 5.6　模型特征根、阻尼比及频率（横航向线性跟踪控制）

特 征 值	阻 尼 比	频率/(rad/s)
−0.406+1.27i	0.304	1.34
−0.406−1.27i	0.304	1.34
−0.662	1	0.662

设闭环系统的期望特征值为 −3.20+2.40i、−3.20−2.40i、−8.00、−3.20、−3.20，即荷兰滚模态的无阻尼自然振荡频率为 4，阻尼比为 0.8，滚转模态特征根为 −8，两个积分跟踪模态的特征根为 −3.2。通过特征结构配置可得

$$
\boldsymbol{K} = \begin{bmatrix} 5.313\,6 & -0.713\,9 & -1.326\,0 \\ 26.432\,6 & 0.118\,2 & -7.240\,6 \end{bmatrix}; \quad \boldsymbol{M} = \begin{bmatrix} 4.788\,6 & -0.747\,6 & -1.335\,5 \\ 27.805\,7 & 0.101\,2 & -7.355\,7 \end{bmatrix}
$$

$$
\boldsymbol{H} = \begin{bmatrix} -0.086\,1 & -0.363\,9 \\ 0.021\,3 & 0.994\,4 \end{bmatrix}; \quad \boldsymbol{J} = \begin{bmatrix} -6.554\,5 & 2.425\,5 \\ -42.622\,4 & 2.769\,3 \end{bmatrix}
$$

系统的阶跃响应如图 5.32 所示。

从阶跃响应结果来看，横航向运动之间存在明显耦合。这主要是参考模型本身耦合明显造成的。可以看出，角速度指令到侧滑角的耦合相对较小，但侧滑角指令到滚转角速度的耦合非常明显，该耦合响应可能使滚转角速度的响应变得很糟糕。其伯德图如图 5.33 所示。

横航向线性跟踪控制特征根分布如图 5.34 所示。

横航向线性跟踪系统的 Simulink 仿真框图如图 5.35 所示。

横航向线性跟踪控制器的 Simulink 仿真框图如图 5.36 所示。

偏航角速度处理的 Simulink 仿真框图如图 5.37 所示。

单位滚转角速度指令和单位侧滑角指令阶跃输入情况下，本机跟踪目标机的过程如图 5.38 所示。

可以看出，本机侧滑角、滚转角速度和偏航角速度与目标机侧滑角、滚转角速度和偏航角速度的跟踪误差非常小，几乎重合。但是，由于侧滑角指令到滚转角速度指令之间耦合严重，造成滚转角速度振荡非常厉害，出现了反向振荡，这种响应是不理想的。不过，出现这种响应主要是由目标机的特性决定的。

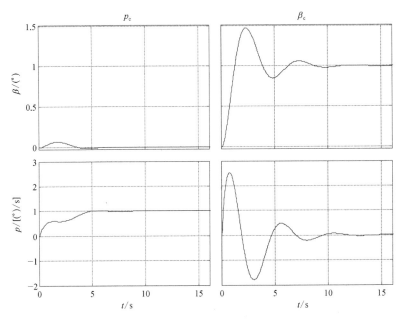

图 5.32　横航向线性跟踪控制阶跃响应

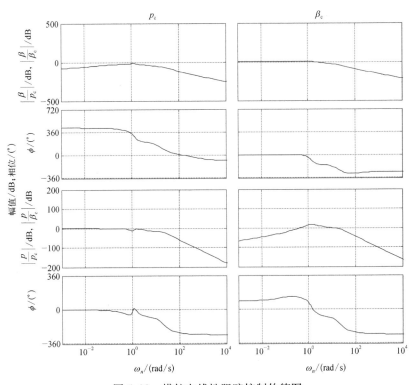

图 5.33　横航向线性跟踪控制伯德图

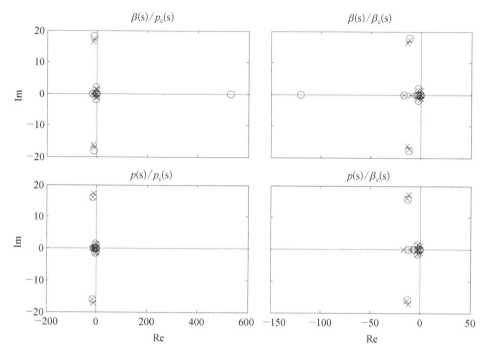

图 5.34　横航向线性跟踪控制零极点分布图

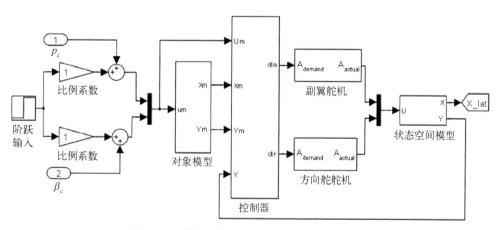

图 5.35　横航向线性跟踪系统的 Simulink 框图

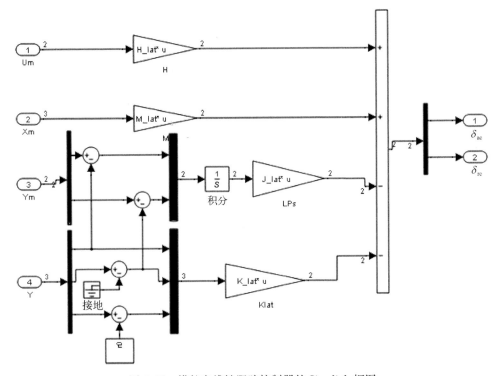

图 5.36 横航向线性跟踪控制器的 Simulink 框图

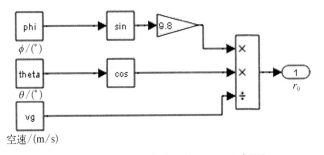

图 5.37 偏航角速度处理的 Simulink 框图

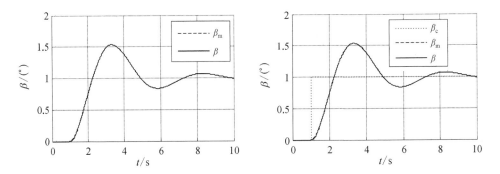

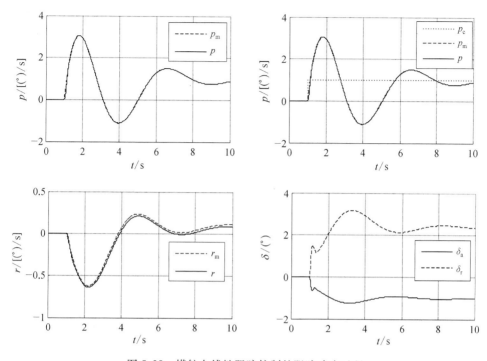

图 5.38　横航向线性跟踪控制的跟踪响应过程

5.5.2　横航向非线性跟踪控制律仿真

采用与 5.5.1 相同的目标机参考模型、控制器和本机初始状态,引入舵机非线性环节,本机模型为六自由度非线性飞行动力学模型,对应的 Simulink 模型如图 5.39 所示。

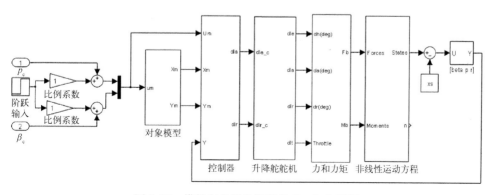

图 5.39　横航向非线性跟踪的 Simulink 框图

横航向非线性跟踪控制器的 Simulink 仿真框图如图 5.40 所示。

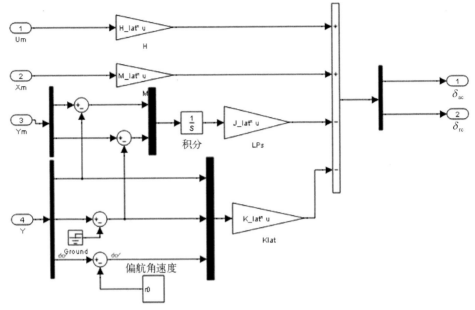

图 5.40　横航向非线性跟踪控制器的 Simulink 框图

单位滚转角速度和单位侧滑角指令阶跃输入情况下,本机跟踪目标机的过程如图 5.41 和图 5.42 所示。

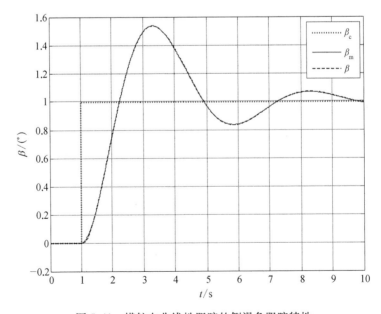

图 5.41　横航向非线性跟踪的侧滑角跟踪特性

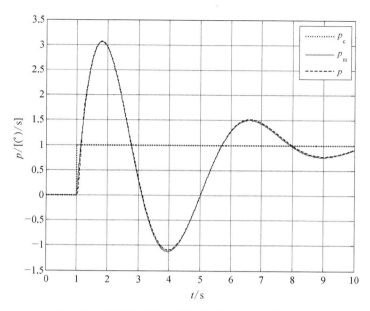

图 5.42　横航向非线性跟踪的滚转角速度跟踪特性

可以看出,本机侧滑角和滚转角速度与目标机侧滑角和滚转角速度的跟踪误差非常小,几乎重合。整个跟踪过程中,其他状态量和控制量如图 5.43 所示。

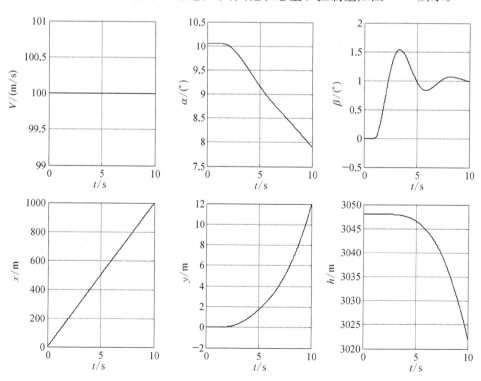

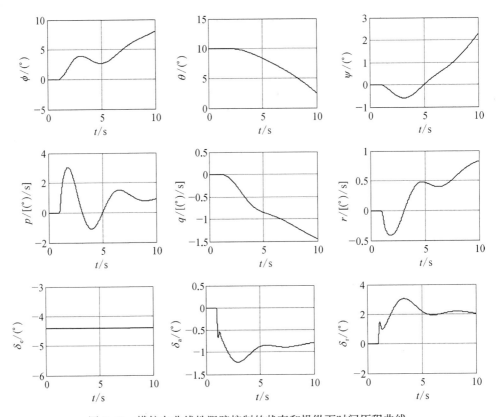

图 5.43　横航向非线性跟踪控制的状态和操纵面时间历程曲线

可见,在速度不变的情况下,由于滚转,飞机会掉高度,由于升降舵保持不变,可能会引起飞机迎角减小。

5.5.3　横航向线性跟踪控制律仿真(目标机增稳)

在进行横航向控制律设计时,取飞机横航向线性化模型如下:

$$\begin{cases} \begin{bmatrix} \dot{\beta} \\ \dot{p} \\ \dot{r} \end{bmatrix} = \begin{bmatrix} \bar{Y}_{\beta} & \bar{Y}_{p} & \bar{Y}_{r}-1 \\ \bar{L}_{\beta} & \bar{L}_{p} & \bar{L}_{r} \\ \bar{N}_{\beta} & \bar{N}_{p} & \bar{N}_{r} \end{bmatrix} \begin{bmatrix} \beta \\ p \\ r \end{bmatrix} + \begin{bmatrix} \bar{Y}_{\delta_{a}} & \bar{Y}_{\delta_{r}} \\ \bar{L}_{\delta_{a}} & \bar{L}_{\delta_{r}} \\ \bar{N}_{\delta_{a}} & \bar{N}_{\delta_{r}} \end{bmatrix} \begin{bmatrix} \delta_{a} \\ \delta_{r} \end{bmatrix} \\ y = \begin{bmatrix} 1 & 0 & 0 \\ 0 & 1 & 0 \\ 0 & 0 & 1 \end{bmatrix} \begin{bmatrix} \beta \\ p \\ r \end{bmatrix} \end{cases} \tag{5.42}$$

F－16 飞机横航向线性化模型为

$$
\left\{
\begin{array}{l}
\begin{bmatrix} \dot{\beta} \\ \dot{p} \\ \dot{r} \end{bmatrix} =
\begin{bmatrix} -0.1488 & 0.1764 & -0.9785 \\ -16.6103 & -1.6740 & 0.8173 \\ 2.1121 & -0.0458 & -0.2176 \end{bmatrix}
\begin{bmatrix} \beta \\ p \\ r \end{bmatrix} +
\begin{bmatrix} 0.0089 & 0.0206 \\ -12.9044 & 2.1944 \\ -0.5473 & -1.1008 \end{bmatrix}
\begin{bmatrix} \delta_a \\ \delta_r \end{bmatrix} \\[12pt]
\boldsymbol{y} =
\begin{bmatrix} 1 & 0 & 0 \\ 0 & 1 & 0 \\ 0 & 0 & 1 \end{bmatrix}
\begin{bmatrix} \beta \\ p \\ r \end{bmatrix}
\end{array}
\right.
\tag{5.43}
$$

HARV 飞机横航向线性化模型如下：

$$
\left\{
\begin{array}{l}
\begin{bmatrix} \dot{\beta}_{\mathrm{m}} \\ \dot{p}_{\mathrm{m}} \\ \dot{r}_{\mathrm{m}} \end{bmatrix} =
\begin{bmatrix} -0.1114 & 0.1731 & -0.9834 \\ -6.8214 & -1.2764 & 0.6870 \\ 0.8882 & -0.0087 & -0.0857 \end{bmatrix}
\begin{bmatrix} \beta_{\mathrm{m}} \\ p_{\mathrm{m}} \\ r_{\mathrm{m}} \end{bmatrix} +
\begin{bmatrix} -0.0025 & 0.0218 \\ 4.1044 & 0.6444 \\ -0.0657 & -0.5102 \end{bmatrix}
\begin{bmatrix} \delta_a \\ \delta_r \end{bmatrix} \\[12pt]
\boldsymbol{y}_{\mathrm{m}} =
\begin{bmatrix} 1 & 0 & 0 \\ 0 & 1 & 0 \end{bmatrix}
\begin{bmatrix} \beta_{\mathrm{m}} \\ p_{\mathrm{m}} \\ r_{\mathrm{m}} \end{bmatrix}
\end{array}
\right.
\tag{5.44}
$$

对 HARV 飞机本体的横航向线性化模型进行增稳,设其期望特征值如表 5.7 所示。

表 5.7　模型特征根、阻尼比及频率(横航向线性跟踪控制,目标机增稳)

特　征　根	阻　尼　比	频率/(rad/s)
$-1.60+1.20\mathrm{i}$	0.8	2
$-1.60-1.20\mathrm{i}$	0.8	2
-1	1	1

采用特征结构配置方法设计反馈系数后可得 HARV 增稳后的闭环系统如下：

$$
\left\{
\begin{array}{l}
\begin{bmatrix} \dot{\beta}_{\mathrm{m}} \\ \dot{p}_{\mathrm{m}} \\ \dot{r}_{\mathrm{m}} \end{bmatrix} =
\begin{bmatrix} -0.2503 & 0.1488 & -0.8553 \\ -0.0000 & -1.0000 & 0.0000 \\ 3.8134 & 0.5315 & -2.9497 \end{bmatrix}
\begin{bmatrix} \beta_{\mathrm{m}} \\ p_{\mathrm{m}} \\ r_{\mathrm{m}} \end{bmatrix} +
\begin{bmatrix} -0.0025 & 0.0218 \\ 4.1044 & 0.6444 \\ -0.0657 & -0.5102 \end{bmatrix}
\begin{bmatrix} \delta_a \\ \delta_r \end{bmatrix} \\[12pt]
\boldsymbol{y}_{\mathrm{m}} =
\begin{bmatrix} 1 & 0 & 0 \\ 0 & 1 & 0 \end{bmatrix}
\begin{bmatrix} \beta_{\mathrm{m}} \\ p_{\mathrm{m}} \\ r_{\mathrm{m}} \end{bmatrix}
\end{array}
\right.
\tag{5.45}
$$

以增稳后的 HARV 飞机为目标机,仍然采用 F－16 进行跟踪。即

$$\begin{cases} A = \begin{bmatrix} -0.148\,8 & 0.176\,4 & -0.978\,5 \\ -16.610\,3 & -1.674\,0 & 0.817\,3 \\ 2.112\,1 & -0.045\,8 & -0.217\,6 \end{bmatrix}; B = \begin{bmatrix} 0.008\,9 & 0.020\,6 \\ -12.904\,4 & 2.194\,4 \\ -0.547\,3 & -1.100\,8 \end{bmatrix} \\ C = \begin{bmatrix} 1 & 0 & 0 \\ 0 & 1 & 0 \\ 0 & 0 & 1 \end{bmatrix}; D = \begin{bmatrix} 0 & 0 \\ 0 & 0 \\ 0 & 0 \end{bmatrix} \end{cases}$$

$$(5.46)$$

$$\begin{cases} A_{\mathrm{m}} = \begin{bmatrix} -0.250\,3 & 0.148\,8 & -0.855\,3 \\ -0.000\,0 & -1.000\,0 & 0.000\,0 \\ 3.813\,4 & 0.531\,5 & -2.949\,7 \end{bmatrix}; B_{\mathrm{m}} = \begin{bmatrix} -0.002\,5 & 0.021\,8 \\ 4.104\,4 & 0.644\,4 \\ -0.065\,7 & -0.510\,2 \end{bmatrix} \\ C_{\mathrm{m}} = \begin{bmatrix} 1 & 0 & 0 \\ 0 & 1 & 0 \end{bmatrix}; D_{\mathrm{m}} = \begin{bmatrix} 0 & 0 \\ 0 & 0 \end{bmatrix} \end{cases}$$

$$(5.47)$$

设闭环系统的期望特征值为-3.20+2.40i、-3.20-2.40i、-8.0、-3.20、-3.20
即荷兰滚模态的无阻尼自然振荡频率为4,阻尼比为0.8,滚转模态特征根为-8,两
个积分跟踪模态的特征根为-3.2。通过特征结构配置可得

$$K = \begin{bmatrix} 5.313\,6 & -0.713\,9 & -1.326\,0 \\ 26.432\,6 & 0.118\,2 & -7.240\,6 \end{bmatrix};$$

$$M = \begin{bmatrix} 3.884\,3 & -0.844\,3 & -0.878\,3 \\ 25.596\,6 & -0.341\,7 & -4.980\,0 \end{bmatrix}$$

$$H = \begin{bmatrix} -0.068\,6 & 0.577\,9 \\ 0.052\,3 & 3.398\,6 \end{bmatrix};$$

$$J = \begin{bmatrix} -6.554\,5 & 2.425\,5 \\ -42.622\,4 & 2.769\,3 \end{bmatrix}$$

系统的阶跃响应如图 5.44 所示。

从阶跃响应结果来看,与目标机未增稳情况比较,横航向之间的耦合大大减小,几乎可以忽略。其伯德图与特征根分布如图 5.45 和图 5.46 所示。

Simulink 仿真框图如图 5.47~图 5.49 所示。

单位滚转角速度指令和单位侧滑角指令阶跃输入情况下,本机跟踪目标机的过程如图 5.50 所示。

可以看出,本机侧滑角、滚转角速度和偏航角速度与目标机侧滑角、滚转角速度和偏航角速度的跟踪误差非常小,几乎重合。其响应特性与目标机没有增稳之前相比有明显改善。

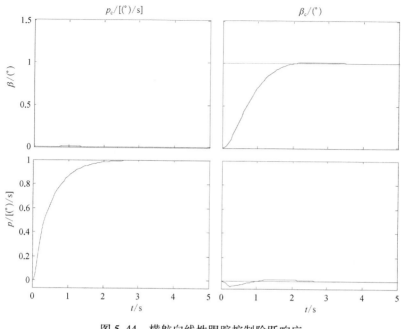

图 5.44　横航向线性跟踪控制阶跃响应

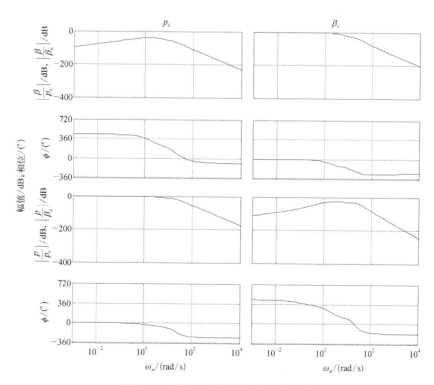

图 5.45　横航向线性跟踪控制伯德图

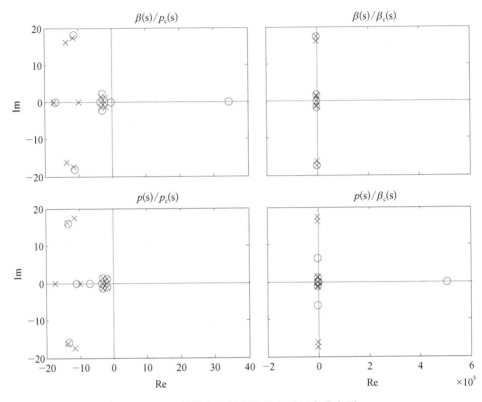

图 5.46　横航向线性跟踪控制零极点分布图

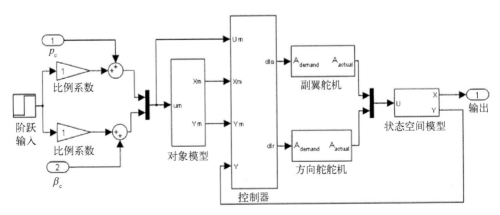

图 5.47　横航向线性跟踪系统的 Simulink 框图

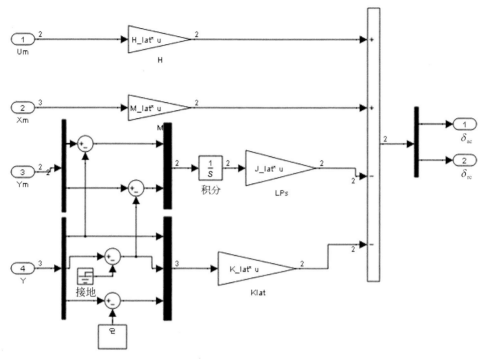

图 5.48　横航向线性跟踪控制器的 Simulink 框图

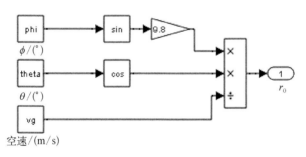

图 5.49　偏航角速度处理的 Simulink 框图

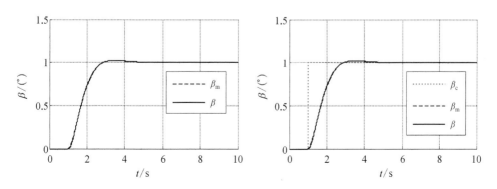

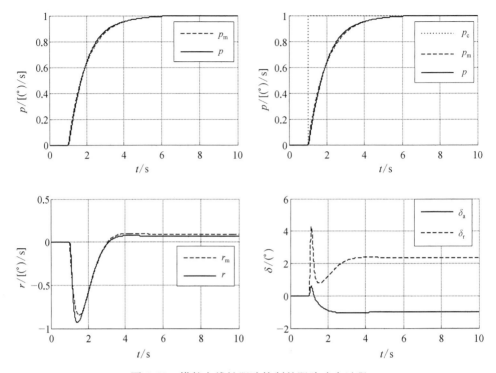

图 5.50　横航向线性跟踪控制的跟踪响应过程

5.5.4　横航向非线性跟踪控制律仿真(目标机增稳)

　　采用与 5.5.3 相同的目标机参考模型、控制器和本机初始状态,引入舵机非线性环节,本机模型为六自由度非线性飞行动力学模型,对应的 Simulink 模型如图 5.51 和图 5.52 所示。

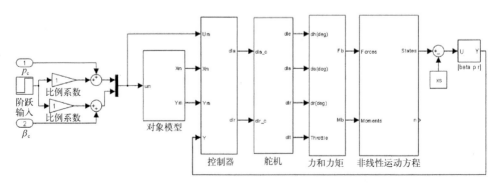

图 5.51　横航向非线性跟踪的 Simulink 框图

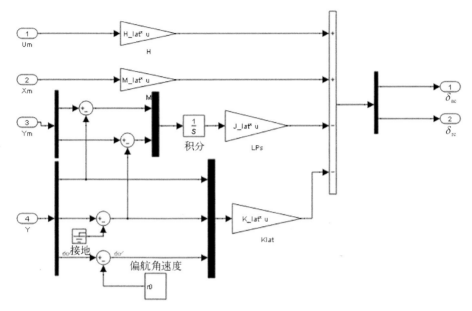

图 5.52　横航向非线性跟踪控制器的 Simulink 框图

单位侧滑角速度和单位滚转角指令阶跃输入情况下,本机跟踪目标机的过程如图 5.53 和图 5.54 所示。

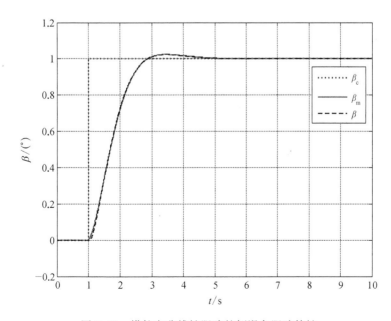

图 5.53　横航向非线性跟踪的侧滑角跟踪特性

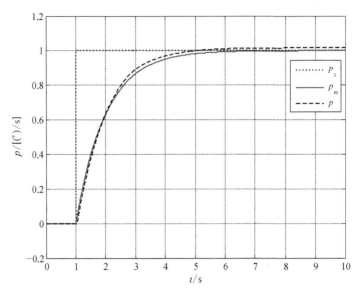

图 5.54　横航向非线性跟踪的滚转角速度跟踪特性

　　可以看出,本机侧滑角和滚转角速度与目标机侧滑角和滚转角速度的跟踪误差非常小,几乎重合。整个跟踪过程中,其他状态量和控制量如图 5.55 所示。

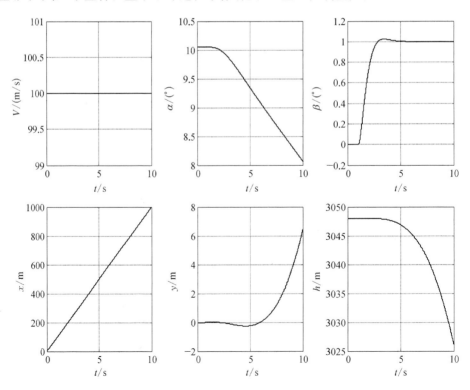

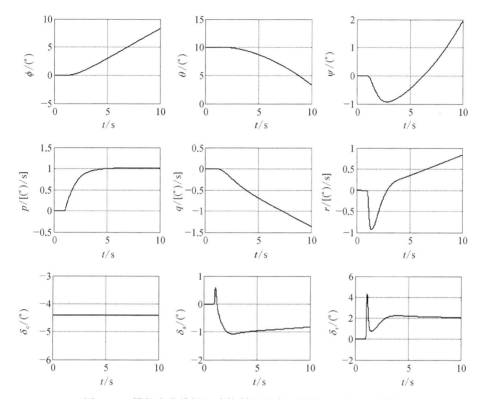

图 5.55　横航向非线性跟踪控制的状态和操纵面时间历程曲线

可见,在速度不变的情况下,滚转和侧滑之间相互解耦。由于滚转,飞机会掉高度,由于升降舵保持不变,可能会引起飞机迎角减小。

5.5.5　横航向模型跟踪控制总结

对于本节中的算例而言,横航向采用了两种不同的目标机特性,第一种为未增稳的 HARV 飞机,第二种为增稳后的 HARV 飞机,但是模型跟踪控制的框架结构是相同的。以 HARV 飞机的本体作为目标机时,由于 HARV 横航向的滚转与侧滑指令之间的耦合,整个飞机的响应特性并不理想。对 HARV 进行增稳控制后,可以大大改善 HARV 横航向之间的耦合特性,动态响应特性大大改善,耦合程度大大减小。不同目标机下反馈与前馈系数对比如表 5.8 和表 5.9 所示。

表 5.8　对不同目标机进行跟踪时的反馈参数对比

目 标 机	反 馈 参 数	积 分 参 数
HARV 本体	$K = \begin{bmatrix} 5.3136 & -0.7139 & -1.3260 \\ 26.4326 & 0.1182 & -7.2406 \end{bmatrix}$	$J = \begin{bmatrix} -6.5545 & 2.4255 \\ -42.6224 & 2.7693 \end{bmatrix}$

（续表）

目 标 机	反 馈 参 数	积 分 参 数
增稳后的 HARV	$K = \begin{bmatrix} 5.3136 & -0.7139 & -1.3260 \\ 26.4326 & 0.1182 & -7.2406 \end{bmatrix}$	$J = \begin{bmatrix} -6.5545 & 2.4255 \\ -42.6224 & 2.7693 \end{bmatrix}$

表 5.9　对不同目标机进行跟踪时的前馈参数对比

目 标 机	输入前馈参数	模型状态前馈参数
HARV 本体	$H = \begin{bmatrix} -0.0861 & -0.3639 \\ 0.0213 & 0.9944 \end{bmatrix}$	$M = \begin{bmatrix} 4.7886 & -0.7476 & -1.3355 \\ 27.8057 & 0.1012 & -7.3557 \end{bmatrix}$
增稳后的 HARV	$H = \begin{bmatrix} -0.0686 & 0.5779 \\ 0.0523 & 3.3986 \end{bmatrix}$	$M = \begin{bmatrix} 3.8843 & -0.8443 & -0.8783 \\ 25.5966 & -0.3417 & -4.9800 \end{bmatrix}$

可以看出，由于只是改变了目标机，本机闭环特性不变，所以反馈参数没有变化，仅仅是前馈参数发生改变而已。

5.6　纵横向结合非线性跟踪控制律仿真

本节将同时对纵向和横航向非线性模型跟踪控制律进行验证，即同时给定纵向和横航向指令，然后验证模型跟踪控制律的控制效果。其中纵向分别采用迎角跟踪、俯仰角速度跟踪和过载跟踪三种模式，横航向采用滚转角速度和侧滑角跟踪，横航向目标机取增稳后的 HARV 模型。

5.6.1　迎角+侧滑角+滚转角速度非线性模型跟踪仿真

纵横向综合考虑的非线性模型跟踪控制 Simulink 如图 5.56~图 5.59 所示。

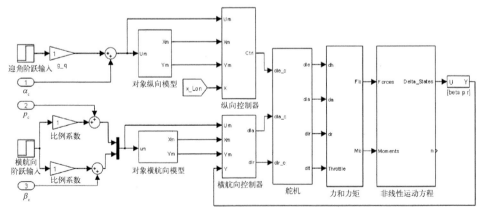

图 5.56　纵横向综合非线性跟踪的 Simulink 框图

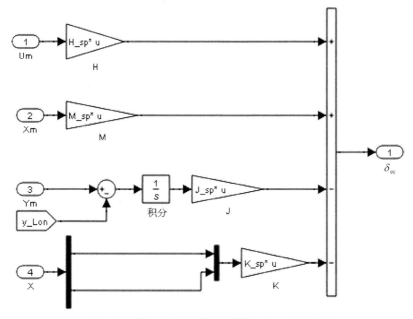

图 5.57　纵向非线性跟踪控制器的 Simulink 框图

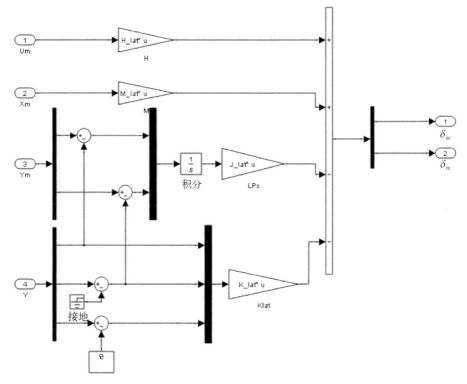

图 5.58　横航向非线性跟踪控制器的 Simulink 框图

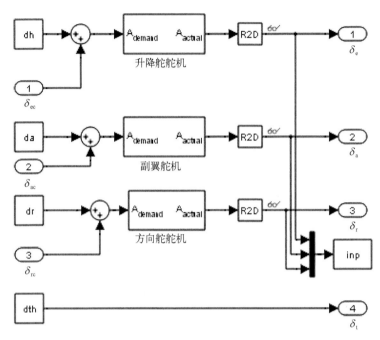

图 5.59　各舵面舵机的 Simulink 框图

单位迎角、滚转角速度和侧滑角指令阶跃输入情况下,本机跟踪目标机的过程如图 5.60~图 5.62 所示。

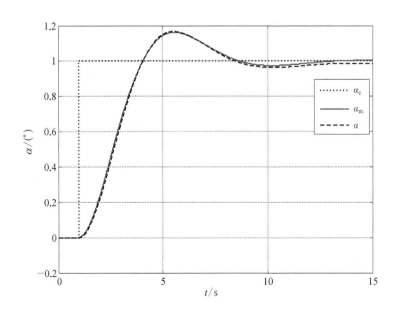

图 5.60　纵横航向非线性跟踪的迎角跟踪特性

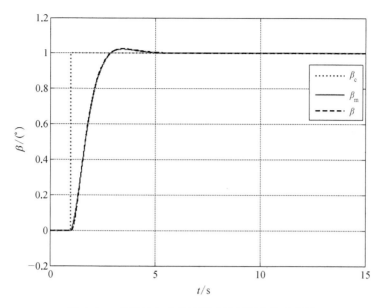

图 5.61　纵横航向非线性跟踪的侧滑角跟踪特性

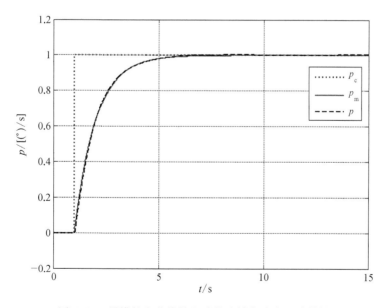

图 5.62　纵横航向非线性跟踪的滚转角速度跟踪特性

可以看出,本机迎角、侧滑角和滚转角速度与目标机迎角、侧滑角和滚转角速度的跟踪误差非常小,几乎重合。整个跟踪过程中,其他状态量和控制量如图 5.63 所示。

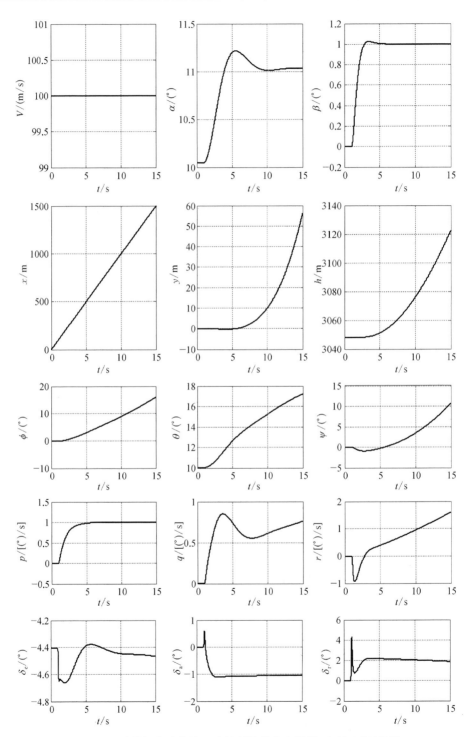

图 5.63　纵横航向非线性跟踪控制的状态和操纵面时间历程曲线

　　可见,在速度不变的情况下,滚转和侧滑之间相互解耦。纵横向之间的相互影响并不大。由于迎角增加了,所以在滚转过程中,飞机高度并没有下降。

5.6.2　俯仰角速度+侧滑角+滚转角速度非线性模型跟踪仿真

　　纵横向综合考虑的非线性模型跟踪控制 Simulink 如图 5.64~图 5.67 所示。

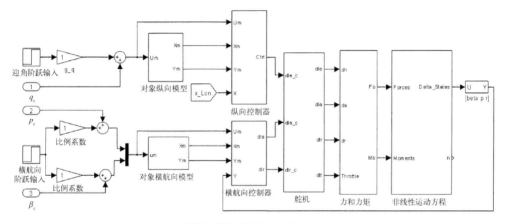

图 5.64　纵横向综合非线性跟踪的 Simulink 框图

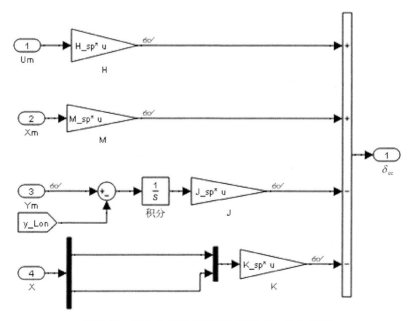

图 5.65　纵向非线性跟踪控制器的 Simulink 框图

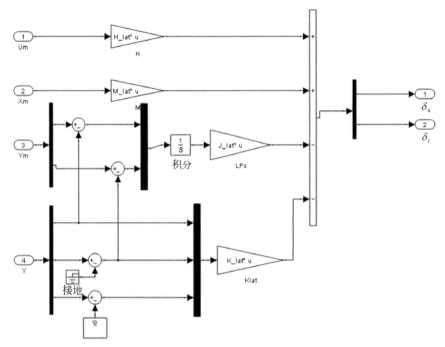

图 5.66　横航向非线性跟踪控制器的 Simulink 框图

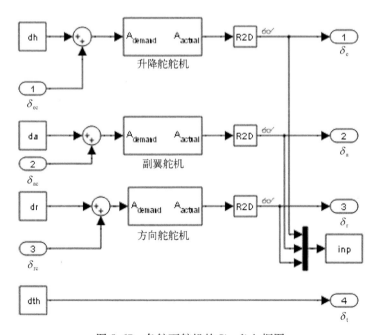

图 5.67　各舵面舵机的 Simulink 框图

单位俯仰角速度、单位侧滑角和滚转角速度指令阶跃输入情况下,本机跟踪目标机的过程如图 5.68~图 5.70 所示。

可以看出,本机俯仰角速度跟踪存在一定误差,尤其是最大值和稳态值方面,但动态过程跟踪良好。俯仰角速度存在跟踪误差的主要原因估计是受长周期运动的影响造成的。在考虑非线性因素的情况下,F - 16 飞机在该模式下长周期有轻

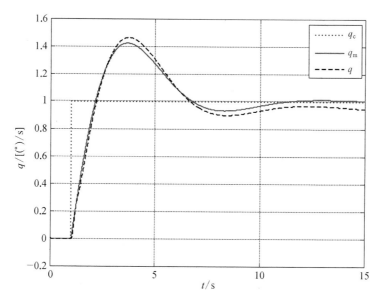

图 5.68 纵横航向非线性跟踪的俯仰角速度跟踪特性

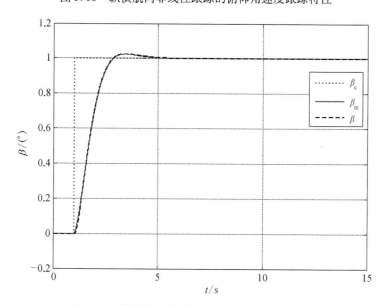

图 5.69 纵横航向非线性跟踪的侧滑角跟踪特性

微不稳定,而控制律构造产生的零点没有完全对消长周期的影响。本机侧滑角和滚转角速度与目标机侧滑角和滚转角速度的跟踪误差非常小,几乎重合。整个跟踪过程中,其他状态量和控制量如图 5.71 所示。

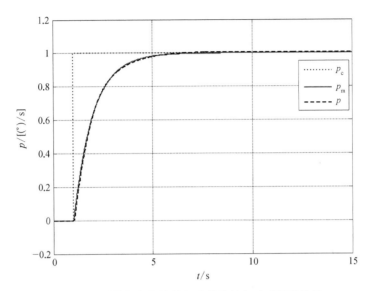

图 5.70　纵横航向非线性跟踪的滚转角速度跟踪特性

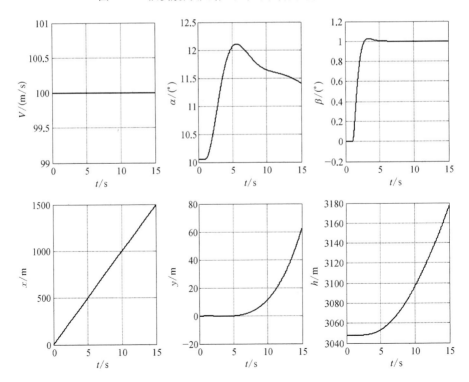

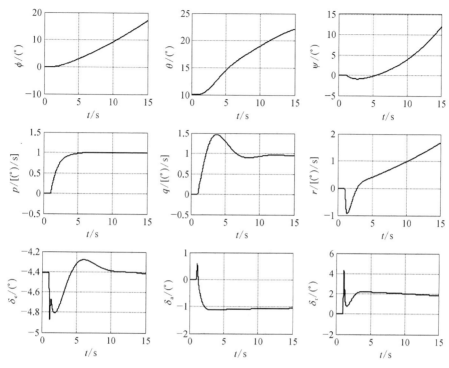

图 5.71 纵横航向非线性跟踪控制的状态和操纵面时间历程曲线

可见,在速度不变的情况下,滚转和侧滑之间相互解耦。在滚转过程中,由于存在拉杆动作,迎角有所增加,因此飞机并没有掉高度。

5.6.3 法向过载+侧滑角+滚转角速度非线性模型跟踪仿真

纵横向综合考虑的非线性模型跟踪控制 Simulink 如图 5.72~图 5.75 所示。

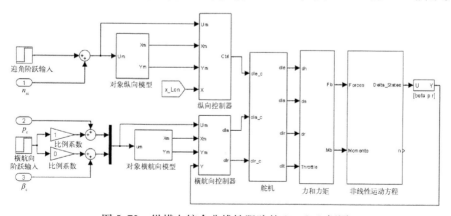

图 5.72 纵横向综合非线性跟踪的 Simulink 框图

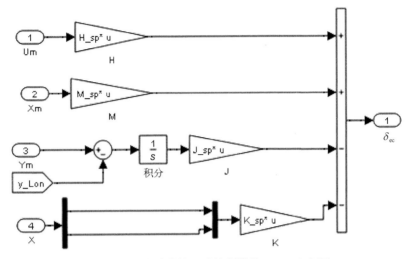

图 5.73　纵向非线性跟踪控制器的 Simulink 框图

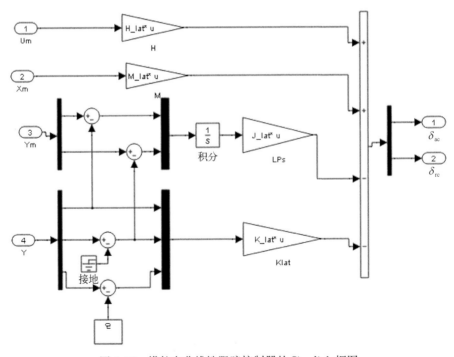

图 5.74　横航向非线性跟踪控制器的 Simulink 框图

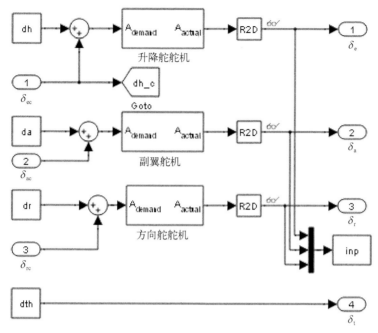

图 5.75 各舵面舵机的 Simulink 框图

单位过载、滚转角速度和单位侧滑角指令阶跃输入情况下,本机跟踪目标机的过程如图 5.76~图 5.78 所示。

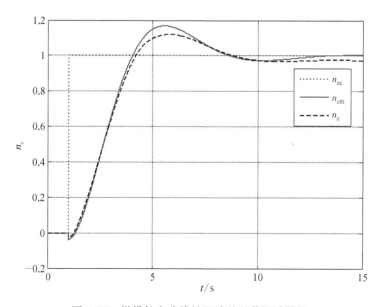

图 5.76 纵横航向非线性跟踪的过载跟踪特性

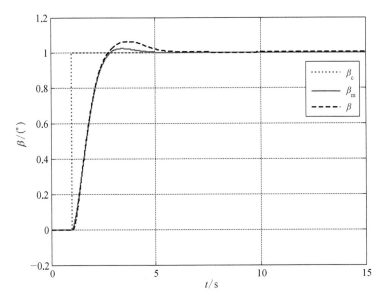

图 5.77　纵横航向非线性跟踪的侧滑角跟踪特性

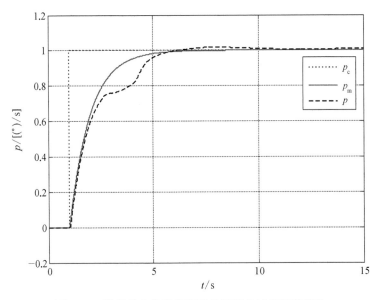

图 5.78　纵横航向非线性跟踪的滚转角速度跟踪特性

　　可以看出,本机纵向过载、侧滑角和滚转角速度与目标机纵向过载、侧滑角和滚转角速度的跟踪都存在一定误差。纵向过载的最大值和稳态值存在跟踪误差,但动态跟踪过程性能良好;侧滑角主要是在最大值方面存在一定误差;滚转角速度的动态过程和稳态值都有一定跟踪误差,尤其是在稳态值的 65%~100%之间误差较大。就其原因,主要是该飞行状态 ($h = 3\,048$ m, $V = 100$ m/s) 下,动压较低,在速度锁定的情况下,为了使过载增加 $1g$,只能依靠增加迎角来实现,从非线性仿真结果可以看出,迎角增加了 $10°$ 左右。跟踪过程中,其他状态量和控制量如图 5.79 所示。

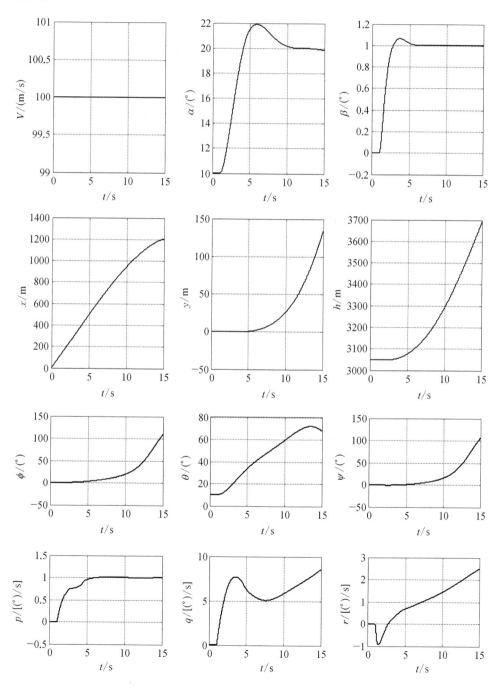

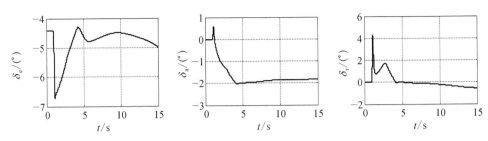

图 5.79　纵横航向非线性跟踪控制的状态和操纵面时间历程曲线

可见,在速度不变的情况下,滚转和侧滑之间相互解耦。由于迎角增加,在滚转过程中,飞机没有掉高度。

5.6.4　纵横向非线性模型跟踪控制总结

从纵向线性系统、横航向线性系统模型跟踪控制效果,以及纵向非线性仿真验证、横航向非线性仿真验证和纵横向耦合的非线性仿真验证结果可以看出,采用本书提出的模型跟踪控制方法设计变稳飞机飞行控制律是可行的,跟踪性能良好,可以满足工程使用需求。

本书仅做了单点测试,可以以此为基础,在飞行包线内其他点上做更多测试和验证。为了使设计出的控制律可以装机使用,建议将所有反馈系数、前馈系数和积分参数设计成调参形式。

参 考 文 献

[1] 史蒂夫·马克曼,比尔·霍德尔.独特的研究飞机——空中飞行模拟器、飞行试验台和改型机的历史[M].赵江南,译.西安:西北工业大学出版社,2014.

[2] 刘兴堂,吕杰,周自全.空中飞行模拟器[M].北京:国防工业出版社,2003.

[3] 高金源,李陆豫,冯亚昌,等.飞机飞行品质[M].北京:国防工业出版社,2003.

[4] 吴森堂,费玉华.飞行控制系统[M].北京:北京航空航天大学出版社,2005.

[5] 张明廉.飞行控制系统[M].北京:航空工业出版社,1994.

[6] Nelson R C. Flight stability and automatic control [M]. 2nd ed. Boston, Mass: WCB/Mc Graw Hill, 1998.

[7] 熊海泉,刘昶,郑本武,等.飞机飞行动力学[M].北京:航空工业出版社,1990.

[8] 申安玉,申学仁,李云保,等.自动飞行控制系统[M].北京:国防工业出版社,2003.

[9] 埃特肯 B. 大气飞行动力学[M].何植岱,范立钦,许佩扬,等译.北京:科学出版社,1979.

[10] Etkin B, Reid L D. Dynamics of flight: Stability and control [M]. 3rd ed. NewYork: Wiley, 1996.

[11] Pamadi B N. Performance, stability, dynamics and control of airplanes [M]. Reston. V A: American Institute of Aeronautics and Astronautics, 1998.

[12] 王庆林,付梦印,刘喜梅.模型参考逆方法及其在非线性时变控制系统设计中的应用[J].控制与决策,1999,14(5):457 - 459.

[13] 王庆林,陈锦娣.控制系统设计的模型参考逆方法及其在火控系统中的应用[J].火力与指挥控制,1999,24(1):20 - 24.

[14] 郎道 I D. 自适应控制——模型参考方法[M].吴百凡,译.北京:国防工业出版社,1985.

[15] 侯砚泽,吴梅.基于模型参考自适应方案的飞行器增稳控制研究[J].弹箭与制导学报,2008,28(5):8 - 10.

[16] Shapiro E Y, Chung J C. Flight control system synthesis using eigenstructure assignment [J]. Journal of Optimization Theory and Applications, 1984, 43(3): 415 - 429.

[17] Crassidis A, Markofski A. Vista pole and zero placement using eigenstructure assignment [C]. California: AIAA Atmospheric Flight Mechanics Conference and Exhibit, 2002, AIAA 2002 - 4698.

[18] 王忠俊.特征结构配置在飞机模态解耦中的应用[J].飞行力学,1993,11(1):23 - 29.

[19] 王建培,王忠俊.特征结构配置在设计直接升力控制律中的应用[J].航空学报,1992,13(6):B241 - B248.

[20] 艾剑良,朱书峰,高明.基于解耦控制的飞机飞行控制方法仿真研究[J].飞行力学,2005,23(4):16 - 19.

[21] 马小娟.特征结构配置方法在飞控系统设计中的应用[D].西安:西北工业大学,2006.

[22] 穆旭.特征结构配置在大型飞机飞行控制系统中的应用[D].西安:西北工业大

学,2007.

[23] Moore B. On the flexibility offered by state feedback in multivariable systems beyond closed loop eigenvalue assignment [J]. IEEE Transactions on Automatic Control, 1976, 21(5): 689 - 692.

[24] 郭锁凤,申功璋,吴成富.先进飞行控制系统[M].北京:国防工业出版社,2003.

[25] 郭锁凤.B-2飞行控制系统的设计技术[J].国际航空,1994(8): 57 - 59.

[26] 吴文海,沈春林,刘国刚,等.飞行控制系统设计的特征结构配置法[J].哈尔滨工业大学学报,2002,34(5): 639 - 642.

[27] 潘常春,陈欣.基于鲁棒特征结构配置的无人机直接侧力控制[J].飞行力学,2004,22(3): 84 - 87,91.

[28] 王忠俊,江云祥.特征结构配置在飞行控制系统设计中的应用[J].西北工业大学学报, 1992,10(4): 526 - 534.

[29] Srinathkumar S. Eigenstructure control algorithms: Applications to aircraft/rotorcraft handling qualities design [M]. Edison: The Institution of Engineering and Technology, 2011.

[30] Pratt R W. Flight Control Systems [M]. USA: American Institute of Aeronautics and Astronautics, 2000.

[31] Wonham. On pole assignment in multi-input controllable linear systems [J]. IEEE Transactions on Automatic Control, 1967, 12(6): 660 - 665.

[32] Farineau J. Lateral electric flight control laws of a civil aircraft based upon eigenstructure assignment technique [C]. Boston: Proceedings of the AIAA Guidance, Navigation and Control Conference and Exhibit, 1989, AIAA 1989 - 3594.

[33] 鲁道夫,布罗克豪斯.飞行控制[M].金长江,译.北京:国防工业出版社,1999.

[34] Mclean D. Automatic flight control systems [M]. New Jersey: Prentice Hall, 1990.

[35] Steven B L, Lewis F L. Aircraft Control and Simulation [M]. NewYork: Wiley, 1992.

[36] 陈永亮.飞机大迎角非线性动力学特性分析与控制[D].南京:南京航空航天大学,2007.

[37] Ostroff A J, Hoffler K D, Proffitt M S, et al. High-alpha research vehicle (HARV) longitudinal controller: Design, analyses, and simulation results [R]. USA: NASA TP - 3446, 1994.

[38] Davidson J B, Murphy P C, Lallman F J, et al. High-alpha research vehicle lateral-directional control law description, analyses, and simulation results [R]. USA: NASA TP - 1998 - 208465, 1998.

[39] Stepanyan V, Kurdila A. Adaptive control of unmanned aerial vehicles subject to structural changes and external disturbances [C]. Colarado: AIAA Guidance, Navigation, and Control Conference and Exhibit, 2007, AIAA 2007 - 6599: 1 - 15.

[40] Nguyen L T, Ogburn M E, Gilbert W P, et al. Simulator study of stall/post-stall characteristics of a fighter airplane with relaxed longitudinal static stability [R]. USA: NASA TP - 1538, 1979.